LA VIE DU CŒUR ISOLÉ

Historique : Méthodes d'isolement.
Reviviscence du cœur mort.
Nécessité des sels de chaux pour le fonctionnement
du myocarde.

NOTE COMPLÉMENTAIRE

REVIVISCENCE DE CŒURS D'ENFANT : 18 HEURES, 36 HEURES, 37 HEURES APRÈS LA MORT

PAR

M. MAURICE D'HALLUIN

Chargé des Travaux pratiques de Physiologie.

Travail du Laboratoire de Physiologie de la Faculté libre
de Médecine de Lille.

PARIS

LIBRAIRIE J.-B. BAILLIÈRE ET FILS

19, Rue Hautefeuille, 19

1903

LA VIE DU CŒUR ISOLÉ

Historique : Méthodes d'isolement.
Reviviscence du cœur mort.
Nécessité des sels de chaux pour le fonctionnement
du myocarde.

NOTE COMPLÉMENTAIRE

REVIVISCENCE DE CŒURS D'ENFANT : 18 HEURES, 36 HEURES, 37 HEURES APRÈS LA MORT

PAR

M. Maurice D'HALLUIN

Chargé des Travaux pratiques de Physiologie.

Travail du Laboratoire de Physiologie de la Faculté libre
de Médecine de Lille.

PARIS

LIBRAIRIE J.-B. BAILLIÈRE ET FILS

19, Rue Hautefeuille, 19

—

1903

LA VIE DU CŒUR ISOLÉ

Historique : Méthodes d'isolement.

Reviviscence du cœur mort.

Nécessité des sels de chaux pour le fonctionnement du myocarde.

(Travail du laboratoire de physiologie)

par Maurice D'HALLUIN
Chargé des travaux pratiques de physiologie.

La méthode des circulations artificielles, inaugurée en 1868 par Ludwig (1), a permis, en entretenant la vie dans les organes isolés, de faire de multiples et fructueuses recherches physiologiques.

Cette méthode fut bientôt appliquée au cœur de grenouille. De nombreux travaux furent ainsi faits sur la pointe du cœur ou sur le cœur entier. Nous en rappellerons quelques-uns tout à l'heure, voulant seulement signaler ici les curieuses expériences de Kuliabko (2), qui ont été le point de départ de ce travail.

---

(1) LUDWIG. *Arbeiten aus der Phys. Anstalt z.* Leipzig, 1868, 1869, etc.
(2) KULIABKO. *A. Bolnitch. Gaz. Botkina*, 1902, p. 1278 et 1755.
Rouski Wratch, 1902, p. 1440.
Versuche am isolirten Vogelberzen. *Centralblatt für Physiologie*, 4 janvier 1902. 588-590.
Académie des sciences, 7 janv. 1903 (note présentée par A. Marey).

Les essais de l'auteur russe ont porté sur des cœurs d'animaux à sang chaud, dont il entretenait les battements, non pas avec du sang défibriné, mais avec un sérum salin dont la formule est due à Locke (1). Ce sérum lui a permis d'étudier, non seulement les battements du cœur isolé d'animaux à sang chaud, mammifères et même oiseaux, mais même de ressusciter des cœurs 12 heures, 24 heures, 3 jours, 5 jours après la mort. Ces curieux résultats furent d'abord obtenus chez des animaux tués par saignée. L'auteur essaya, avec un égal succès, de faire rebattre les cœurs d'animaux morts de maladie. Bien plus, ses essais portèrent sur des cœurs d'enfants morts de pneumonie. Il réussit à faire renaître les pulsations cardiaques, *au moins dans certaines parties*, 20 heures et 30 heures après la mort.

Tandis que Kuliabko maintenait ainsi la vie du cœur, grâce au sérum de Locke, un de ses compatriotes, Kourdinovsky (2), employant le même sérum, faisait des expériences non moins curieuses sur le muscle utérin. Excisant un utérus de lapine pleine et le disposant dans une chambre humide, il a pu suivre, *de visu* et pas à pas, toutes les phases de la parturition.

Notre curiosité fut vivement piquée par les comptes-rendus des travaux des auteurs russes et nous avons essayé une vérification de l'action du sérum de Locke, au moins sur le cœur. Au cours de ces recherches, nous avons constaté l'influence de la chaux sur le myocarde avec une netteté si manifeste qu'elle désarmerait les plus sceptiques; c'est pourquoi ce rôle de la chaux, n'étant peut-être pas sans importance dans le fonctionnement normal du cœur, nous avons voulu publier nos résultats. Il nous a paru intéressant de montrer au lecteur, à propos de cette note, l'enchaînement des diffé-

---

(1) Locke. — Artificial fluids as uninjurions as possibile to animal tissues. *Journ. of the Boston.* Soc. of med. sc. 1896 Jan 1 seite Sep. Abdr.

(2) Kourdinovsky. — *Rousky Wratch*, 1902, p. 1933.

rents travaux relatifs à la physiologie du cœur isolé, et de décrire comment, après des recherches pour ainsi dire préliminaires faites sur le cœur des animaux à sang froid, les physiologistes en sont arrivés à expérimenter même sur le cœur des animaux à sang chaud.

Cet isolement du cœur est en effet une méthode bien précieuse, non seulement pour les recherches de physiologie pure, plus ou moins théoriques celles-là, mais aussi pour les études pharmaco-dynamiques capables de rendre aux cliniciens des services immédiats.

Dans une première partie, nous nous bornerons à étudier l'historique de la question, et nous verrons : 1º L'isolement du cœur des animaux à sang froid, et les recherches entreprises pour trouver le sérum le plus apte à entretenir les battements ; 2º L'isolement du cœur des mammifères.

Dans une seconde partie, nous décrirons : 1º Notre dispositif expétimental ; 2º Nos essais sur la reviviscence du cœur ; 3º Nos recherches sur l'utilité des sels de chaux pour le fonctionnement du muscle cardiaque.

PREMIÈRE PARTIE

PHYSIOLOGIE DU CŒUR ISOLÉ

1

Isolement du cœur d'animaux à sang froid.

On sait la vitalité du cœur de grenouille. Cet organe continue à battre même quand il est séparé du corps de l'animal. Aussi, dès l'apparition des circulations artificielles, songe-t-on à utiliser cette méthode pour entretenir plus longtemps encore les battements. La grande résistance de ces cœurs permet de les détacher sans grande précaution et de les relier à la canule ou aux canules par lesquelles entrera et sortira le liquide nourricier.

Sans considérer les différents dispositifs imaginés, nous voilà déjà arrêté par un problème fondamental : *Quel est le liquide le plus apte à faire fonctionner le cœur isolé ?* Les uns proclament indispensable un milieu albumineux, les autres trouvent les sérums salins supérieurs aux liquides albumineux. De là de nombreux travaux et nous allons résumer les opinions principales.

a) *Nécessité d'un sérum contenant de l'albumine.*

Bien avant l'application au cœur des circulations artificielles, *Vulpian* constate que le cœur ne tarde pas à s'arrêter si on le plonge dans une solution salée à 1 °/₀ (1). Mais si on ajoute à un tel sérum un peu de sang, le cœur recommence à battre (2). C'est bien là un fait prouvant la valeur de l'albumine.

Kronecker et *Stirling* (3) démontrent que le sang oxygéné met en mouvement le cœur arrêté en diastole par la solution salée physiologique, capable d'entretenir l'activité rythmique du cœur seulement durant un temps fort restreint.

Stienon (4) étudie l'action du sérum acidifié puis alcalinisé, l'influence d'une solution sodique, de la solution de chlorure de sodium. Il conclut que le sérum, dont on coagule l'albumine par la chaleur, est encore capable d'exciter le cœur, mais son action revivifiante est lente et fugace. D'après lui, l'albumine augmente considérablement le pouvoir réparateur des sérums.

Mac Guire (5) et *Ch.-S. Roy* (6) concluent à la supé-

---

(1) Vulpian. — *Gazette médicale de Paris*, 1859, n° 25.

(2) Albert René. — *Propriétés physiologiques du muscle cardiaque*, 1886. Thèse d'agrégation.

(3) *Festgabe f. Carl Ludwig*, 1875.

(4) Stienon. — Die Betheilungen der einzelnen Stoffe des serums an der Erzeugung des Herzschlages. *Arch. für Physiolog.*, 1878.

(5) Mac Guire. — Ueber die Speisung des Froschherzens. *Arch. für Physiologie*, 1878.

(6) Ch.-S. Roy. — On the influences which modify the work of the heart. *J. of. Physiolog.*, 1.

riorité du sérum des herbivores sur celui des carnivores.

Martius (1) et *Gaule* déclarent eux aussi la nécessité de la sérumalbumine.

D'après *Ott* (2), le lait, le sérum de lait, le chyle donnent des tracés cardiographiques identiques à ceux du sang. D'après lui, le cœur pourrait être envisagé comme « le réactif de la sérumalbumine. »

White (3), en 1896, confirme cette théorie. Pour lui, le sérum de Ringer (nous en parlerons tout à l'heure) peut maintenir jusqu'à 9 heures les battements du cœur de grenouille, mais finalement le cœur s'arrête en diastole, alors que sous l'influence du sang, du sérum ou de la lymphe il recommence à battre.

Plus récemment, *Schücking* (4) (1901) attribue la persistance des battements du cœur sous l'influence des sérums salins, à la présence des matières albuminoïdes demeurant d'une façon tenace dans les espaces lacunaires du cœur de grenouille et d'une façon plus tenace encore dans les capillaires coronaires des animaux à sang chaud.

Il ne nie point l'action bienfaisante des solutions salines, mais soutient que l'albumine est indispensable. Il propose en conséquence comme liquide nutritif du sang dilué. On pourrait ajouter, d'après lui, deux parties de solution salée, ou bien huit parties de liquide de Ringer, ou bien seize et même vingt-quatre parties de solution (5) de chlorure de sodium additionnée de petites quantités de saccharates ou de fructosates calciques ou alcalins.

---

(1) MARTIUS. — Dubois Raymond, *Archiv. f Physiologie*, 1882.

(2) OTT. — Dubois Raymond, *Arch. f. Phys.*, 1883.

(3) WHITE, A.-H. — *Journ. of Physiologie*, 1896, XIX, 344-355. On the nutrition of the frog's heart.

(4) SCHÜKING, A., — Ueber die erholende Wirkung von Alkalisaccharat und Alkalifructosat Lösungen auf isolirte Herzen. — *Arch. für Anatomie und Pyhsiolog.*, 1901, p. 218-238.

(5) Na Cl = 0,7 °/₀ Saccharate de Na et de Ca = 0,025 à 0,035 °/. ou fructosate de Na ou de Ca = 0,04 à 0,05 °/°.

Il faut rapprocher de ces conclusions la remarque de *Góthlin* (1) constatant que le sang dilué de deux fois son volume d'eau gagne en activité.

Il résulte donc de ces différents travaux que l'albumine serait indispensable. L'hypothèse de Schücking est une opinion mixte, capable peut-être de mettre l'accord entre les deux opinions en signalant, comme cause d'erreur, la rétention d'albumine dans les espaces interstitiels du cœur.

Il faut ajouter que certains auteurs ont eu soin de soumettre le cœur à un lavage préalable. Mais, on peut se demander quand le lavage a entrainé toutes les matières albuminoïdes ? D'autre part, si septique que notre esprit puisse demeurer devant l'affirmation de substances peu actives agissant à doses infinitésimales, il faut se souvenir, dans le cas présent, que, d'après *Gaule* (2), *0 milligr. 5648 de sérumalbumine sont capables de fournir à la dépense nécessaire pour 920 contractions de cœur de grenouille* (3).

b) *Influence des solutions salines*

Nous allons nous trouver ici en face d'opinions absolument opposées aux précédentes. Nous les diviserons en trois catégories.

Avec *Ringer*, les substances salines jouent un rôle prépondérant, toutefois la sérumalbumine aurait une action favorable.

Avec *Albanese*, la sérumalbumine a pu *paraitre* indispensable, mais toute substance, donnant au sérum salin une certaine viscosité, serait capable de la remplacer.

---

(1) G. F. Göthlin, Ueber die chemischen Bedingungen fur die Acktivität des überlebenden Frochsherzens. — *Skandinavisches Archiv für Physiologie* XII, 1901, 1-50.

(2) *Dictionnaire de Physiologie de Richet*. Article cœur, p. 171, t. IV.

(3) Nous nous contentons de signaler ici les auteurs trouvant que l'albumine est sinon indispensable au moins utile, sans nous préoccuper de discuter si cet albumine joue un rôle nutritif ou non.

Avec *Howel*, la sérumalbumine non seulement ne serait pas nécessaire, mais elle serait même nuisible.

Première opinion.

Ringer, dans une série de travaux publiés in *Journal of Physiologie*, étudie l'action des différents sels (1) entrant dans la constitution des sérums artificiels. Il insiste le premier sur le rôle de la chaux. Non content de démontrer ce rôle pour le cœur de grenouille, il expérimente sur le cœur de l'anguille (2). Bien plus, il démontre l'influence générale de la chaux en étudiant des poissons qui meurent dans l'eau distillée et vivent dans des mélanges salins pourvu qu'ils contiennent de la chaux (3). Ces expériences sont du plus haut intérêt, mais pour nous en tenir à notre sujet, disons que, d'après Ringer (4), si le sang prolonge les contractions du cœur, cela est dû à ses sels, et que d'autre part si un sang même soumis à la dialyse est encore capable de faire battre un cœur de grenouille, c'est que les sels de K et de Na dialysent à peu près seuls. Toutefois, il reconnaît l'efficacité de la sérumalbumine, de l'albumine de l'œuf et de la gélatine. Après une étude méthodique de l'action des différents sels (5) sur le cœur, il recommande l'emploi d'un sérum contenant : $NaCl = 7$ gr. 50 pour 1000 H^2O, plus phosphate de calcium

---

(1) RINGER, S. — *Journal of Physiol.*, III. 380-393, 1902. Concerning the influence exerted by each of the constituents of the blood on the contractility of the ventricle.

(2) RINGER et BUXTON. — Concerning the action of calcium of potassium and sodium salts upon the vitality and function of contractile tissue an the cuticular cells of fishes. *J. of Ph.*, VIII, 1887, 15-19.

(3) RINGER, S. — *J. of Phys.* Concerning the influence of saline media on fish..., 1884. V. 98-115.

(4) RINGER, S. — *J. of Ph.*, VI, 361-381, 1885. Regarding the influence of the organic constituents of the blood on the contractility of the ventricle.

(5) RINGER, S. — *J. of Ph.*, III, 380-393, 1882. Conc. the infl. exerted by each of the constit. of the blood on the contractility of the ventricle.

RINGER, S. — *J. of Ph.*, 1885, V, 247-254. On the mutual antagonism between lime and potash sals in toxic doses.

à saturation, plus un centième d'une solution de chlorure de potassium à 2 %, ou encore la solution suivante :

$$
\begin{array}{ll}
\text{NaCl } 0,6 \text{ \%}\ldots & 100 \text{ cc.} \\
\text{Co}^3 \text{ Na}^2 \text{ } 0,5 \text{ \%}\ldots & 5 \text{ cc.} \\
\text{KoH } 1 \text{ \%}\ldots & 1 \text{ cc.} \\
\text{CaCl}^2 \text{ } 1/390\ldots & 5 \text{ cc.}
\end{array}
$$

2ᵉ Opinion.

Albanese (1) conclut de ses expériences que les qualités d'un bon sérum artificiel doivent être : isotonie, oxygénation, viscosité. L'originalité de cet auteur consiste surtout dans l'importance qu'il apporte à *l'état physique du liquide*. Pour lui, la viscosité est indispensable, il la réalise avec une solution de gomme. Comme la sérumalbumine donne au sérum les mêmes qualités physiques que la gomme, on comprend (d'après lui) l'erreur de ceux qui proclament la nécessité de la sérumalbumine.

Oehrn (2), en 1894, arrête les cœurs de grenouilles par lavage avec la solution salée et les voit rebattre en faisant passer le sérum d'Albanese. Il en conclut que la solution de gomme est capable, par elle-même, d'entretenir les battements cardiaques.

Malheureusement cette opinion a été très contestée. *Locke* (3), par une expérimentation rigoureuse, semble l'avoir démolie. Pour lui, la valeur du sérum d'Albanese tient tout simplement à sa richesse en sels. La gomme d'Albanese contient, en effet, outre différents acides, des sels de Ca, de

---

(1) ALBANESE. *Arch. f. exp. Patholog.*, XXXII, p. 297-312, 1893. — Ueber den Einfluss der Zusammensetzung der Ernährungsflüssigkeiten aüf die Thätigkeit des Froschherzens.

ALBANESE. *Arch. italiennes de biologie*, t. XXV, p. 308-319, 1895.

(2) F. OEHRN. 1894. *Arch. f. experim. Patholog.*, XXXIV, 29-36. Einige Versuche über Gummilösung als Nährflüssigkeit für das Froschherz.

(3) LOCKE. *Jᵃˡ of Physiol.*, XVIII, p. 332-333, 1895. — Towards the ideal artificial circulating fluid for ihe isolated frog's heart.

Mg, de K. Pour démontrer l'influence de la viscosité seule, Locke fait une solution de sel sodique de l'acide arabique à 2 %. Il la rend alcaline, y ajoute du chlorure de sodium et la sature d'oxygène. Or un tel sérum a une *viscosité* identique au sérum d'Albanese et cependant il est incapable d'entretenir longtemps les battements du cœur. Ces battements reprennent si l'on ajoute au sérum des sels de potassium et de calcium.

Locke démontre donc par ce fait l'importance des sels et en particulier des sels de potassium et de calcium. Mais cela ne prouve point que la viscocité du liquide soit absolument inutile. Qu'un liquide visqueux et simplement visqueux soit incapable d'entretenir les battements du cœur, c'est très vraisemblable. Qu'un liquide simplement salin puisse entretenir l'activité rythmique du myocarde, que certains sels aient une action plus ou moins indispensable, c'est un fait certain. Mais on ne peut point conclure, en prouvant ces deux propositions, à l'inutilité de la viscocité, viscocité réalisée avec une solution de gomme, ou une solution albumineuse. Nous faisons cette critique des conclusions de Locke sans vouloir entrer dans le vif de la question et chercher si la gomme agit vraiment par sa viscocité, ainsi que le veut Albanese, ou en formant un sérum plus nutritif, suivant l'opinion d'Oehrn.

Nous devons ajouter qu'Albanesse répond aux expériences de Locke par d'autres expériences de résultat inverse. Il traite sa gomme par l'acide chlorhydrique. Il s'assure par l'acide oxalique que sa solution ne contient plus de chaux et constate que cette nouvelle solution gommeuse rendue isotonique et oxygénée est aussi active que la précédente.

Sans recherche personnelle, il serait difficile de se faire une opinion devant deux faits aussi contradictoires. Il n'y a point là d'interprétation discutable, mais des faits indéniables. Cependant Albanese a choisi l'acide oxalique comme réactif, pour s'assurer que la solution gommeuse ne contient pas de chaux. L'acide oxalique est considéré comme un réactif très sensible, mais dans des solutions complexes il ne donne pas toujours un précipité, même en présence de sels de chaux. C'est ainsi que les oxalates en injections intraveineuses ne précipitent pas *in vivo* la chaux du sang (1). La chaux en solution magnésienne ne précipite point par addition d'acide oxalique. Les citrates empêcheraient de même cette réaction caractéristique. D'après Spiller ces sels seraient même capables de dissoudre un précipité d'oxalate de chaux préalablement formé. D'après Sabbatani (2), le sulfate de magnésie, le phosphate de soude, le chlorure de sodium en solution plus ou moins concentrée, masqueraient la réaction précipitante de l'oxalate de chaux. La liste de tels produits est plus considérable encore, mais il nous suffit d'énoncer ce fait pour montrer qu'une solution aussi complexe qu'une solution gommeuse pourrait bien empêcher la précipitation de l'oxalate de chaux formé. En conséquence, Albanese ne peut pas avoir la certitude absolue de s'être débarrassé des moindres traces de chaux. Cependant il faut bien admettre que le lavage à l'acide chlorhydrique enlève à peu près toute la chaux et l'erreur, en somme, pourrait bien être négligeable.

Quoi qu'il en soit, nous devons ajouter que *White* (3), non seulement considère le liquide d'Albanese comme inférieur au sérum contenant de l'albumine, mais même au liquide de Ringer. En effet, un cœur en repos avec la solution d'Albanese rebat si on fait passer le liquide de Ringer.

---

(1) De l'action toxique de l'acide oxalique. E. Decottigniès, thèse Paris, 1902. — A propos d'un empoisonnement par le sel d'oseille. M. D'Halluin, *Journal des Sciences médicales* et *Bulletin de la Société Anatomo-Clinique de Lille*, 1903.

(2) Calcium et citrate crisodique dans la coagulation du sang de la lymphe et du lait, Sabbatani. *Arch. ital. de Biologie*, 1901, p. 397.

(3) *Loc. cit,*

3° Opinion.

Howel, lui, se montre plus absolu, il proclame les sels alcalins indispensables et la sérumalbumine nuisible.

Dans un premier travail (1), il soutient que le liquide de Ringer maintient plus longtemps les contractions cardiaques s'il est pur, que si on ajoute de la sérumalbumine. Il insiste sur les recherches de son élève Eaton, démontrant l'influence des sels de chaux.

En 1898 (2), il fait une étude méthodique de l'action des différents sels et proclame encore, à l'instar de Ringer l'utilité des sels de calcium.

En 1901 (3), il continue ses recherches de l'action des sels sur les contractions automatiques des bandes musculaires de la pointe du cœur de tortue, et il constate que ces bandes restent au repos dans le sérum de l'animal, et entrent en contraction spontanée dans la solution isotonique de NaCl.

Telles sont les principales opinions sur la valeur des sérums artificiels.

Les partisans des sérums salins semblent les plus nombreux, car outre les travaux précédents, nous devons encore en signaler d'autres.

Locke constate que certaines substances organiques, tel que le glucose, rendent plus actif le sérum de Ringer. Aussi fait-il rentrer ce corps dans la formule de son sérum (4).

---

(1) HOWEL et Miss COOKE. — *J. of. Physiologie,* XIV, 198-220, 1893. Action of the organic salts of serum, milk, gastric juice... upon the isolated working heart with on the causation of the heart beat.

(2) HOWEL. — *Americ. journ. of Physiol.,* II, 47-81, 1898. On the relation of the blood the automaticity an sequence of the heart beat.

(3) HOWEL. — An analysis of the influence of the sodium, potassium and calcium sals of the blood on the automatic contractions of heart muscle. *Amér. journ. of Physiologie,* VI, 181-206, 1901.

(4) LOCKE F. S. — Artificial fluids uninjurious as possibile to animal tissues. *Journal of the Boston Soc. of méd. sc.,* 1896. Jan. 1seite Sep-Abdr.

LOCKE F. S. — Die Virkung der Metalle des Blutplasmas und vers-

Eau distillée pure. 100
NaCl . . . . 0,6 (grenouille), 0,9 à 1 (mammifères).
CaCl² 0,02
KCl 0,01
Glucose 0,05
CO³Na² 0,01

Green (1) *trouve que le sérum pur ne peut maintenir le cœur de tortue en activité, il faut lui ajouter du chlorure de calcium.* Etudiant l'action des différents sels sur le myocarde, il conclut à la nécessité des sels de chaux. Employant du sérum pur, additionné de 0,04 à 0,05 p. 100 de chaux, il voit les battements cardiaques persister 30 à 72 heures. A ce moment apparaissent des pulsations faibles capables de se prolonger jusqu'à 100 heures.

Walden (2) constate que ni la sérumalbumine, ni le lait ne possèdent le pouvoir de ranimer les battements cardiaques arrêtés par le lavage, tandis que le liquide de Ringer les ranime.

---

chiedener Zucker auf das isolirte Säugethierherz. *Centralblatt f. Physiologie*, XIV, 670-679, 1901.

(1) GREEN Ch. W., 1898. — *Journal of Physiologie*, II, 82-126. On the relation of the organic salts of blood to the automatic activity of a strip of ventricular muscle.

(2) WALDEN, E.-C. — *Americ. Journ. of physiolog.*, III, 123-134. Comparison of the effect of certain inorganic solutions containing serumalbumine on the rhytmic contractility of the frogs heart.

(3) Nous avons dû nous montrer forcément incomplet dans cet exposé bibliographique, les travaux relatifs à cette question étant très nombreux. Nous avons été eclectique dans nos citations, examinant seulement *in globo* les arguments pour ou contre les deux théories prédominantes, nous n'avons point voulu critiquer ici en détail la composition des sérums salins. Nous n'avons donc pas analysé les recherches méthodiques sur l'action des différents sels ; toutefois, on trouvera à la fin de ce mémoire une note bibliographique où seront cités certains travaux relatifs à cette question. Nous y joindrons aussi les titres des ouvrages consultés, mais non cités, au cours de ce travail.

Comme conclusion de tout cet exposé (3), nous pouvons dire que le sérum artificiel, pour être efficace, doit être oxygéné (1) et doit contenir certains sels. Parmi ces sels, la chaux se montre particulièrement indispensable. L'isotonisme des solutions salines est également nécessaire. Quant à la question de nécessité de l'albumine, il ne faut pas se montrer d'un exclusivisme absolu. Qu'une solution de sérumalbumine soit incapable de ranimer ou d'entretenir les battements cardiaques, c'est très vraisemblable. Toutefois, il nous semble difficile de nier l'influence favorable de la sérumalbumine ajoutée aux sérums salins. Ringer l'admet tout le premier. Nous avons cité l'opinion de White et vu que le liquide de Ringer entretenait durant 9 heures les battements du cœur de grenouille. Mais Green (2) maintient le cœur en activité durant 72 heures et même 100 heures, en employant du sérum sanguin additionné de sels de chaux.

Cette expérience nous semble avoir une très grande importance. Les auteurs, pour démontrer l'inutilité de la sérumalbumine, se sont servis en général de sérum sanguin.

Le sérum contient de la sérumalbumine, le sérum est incapable de faire battre un cœur, donc la sérumalbumine est inefficace. Tel est leur raisonnement.

Or, si le sérum est inefficace, cela est dû à sa faible teneur en chaux. On sait, depuis les travaux d'Arthus, l'influence de la chaux pour la coagulation du sang. La fibrine est un composé calcique qui diminue la teneur en chaux du

---

(1) Nous n'avons pas insisté sur se point. Cependant, il nous suffira de citer Ringer (*Journ. of Physiologie*, 1893, p. 125-130), démontrant l'influence de l'acide carbonique ; Albanese, démontrant d'une façon directe l'action bienfaisante et indispensable de l'oxygène. La plupart des auteurs ayant fait des recherches sur les sérums artificiels capables d'entretenir l'activité du cœur de grenouille sont d'accord sur ce point qui, malgré quelques travaux contradictoires, semble maintenant bien acquis.

(2) *Loc. cit.*

sérum. La chaux, d'autre part, étant indispensable au fonctionnement du cœur, il est tout naturel que le sérum sanguin soit peu efficace. Le travail de Green le prouve d'une façon évidente.

Contestant encore la valeur de la sérumalbumine, d'autres auteurs ont montré l'action inefficace du sang laqué.

Göthlin (1), d'autre part, démontre que le sang défibriné ou laqué est plus actif que le sérum.

Dans un récent travail, O. Langendorf (2), nous donne la clef de ces contradictions. Dans le sang laqué les globules rouges sont détruits et cette destruction met en liberté de la potasse. Suivant sa teneur en potasse, le sang laqué sera susceptible ou non de faire battre le cœur. Un excès de potasse intoxique le myocarde, une faible quantité lui est nécessaire et si, ajoute-t-il, Göthlin constatant que le sang laqué du bœuf peut être rendu nutritif par l'addition de chlorure de calcium c'est que les sels de chaux sont à ce point de vue les antagonistes des sels de potassium.

Voilà autant de causes d'erreurs que certains auteurs n'ont pas toujours prises en considération. Il est important de les connaître et de les avoir présentes à l'esprit en lisant les différents travaux écrits sur cette question.

Ces réflexions, que nous donnons comme conclusions de cette première partie de notre travail, ne sont pas infirmées par les travaux que nous exposerons plus loin sur le cœur de mammifère isolé, mais là encore, le triomphe de la théorie, soutenant l'inutilité de la sérumalbumine, pourrait bien n'être qu'apparent.

In medio stat virtus : les produits minéraux semblent

---

(1) G. F. Göthlin. Ueber die chemischen Bedingungen für die aktivität des ueberebenden Froschherzens. — *Skandinavisches Archiv. fur Physiologic*, XII, 1901, 1-51.

(2) O. Langendorf. *Arch. für die gesammte Physiologie*, XCIII, 286-294, 1903. Ueber die augebliche Unfähigkeit des lackfarbenen Blutes den Herzmuskel zu ernähren.

assurément les plus importants, mais les produits organiques
réunis aux précédents accroissent peut-être leur puissance.

II

Isolement du cœur des mammifères.

Les résultats obtenus avec les cœurs de grenouilles et de
tortues, le grand avantage présenté par cet isolement aussi
complet que possible, autant de raisons, qui encouragèrent
les physiologistes à appliquer la méthode au cœur des mammifères. Malheureusement cet organe, beaucoup plus sensible chez eux, rendait plus difficile la réalisation de cet
isolement. On y arriva, d'abord par des méthodes détournées
et nous allons voir la série des procédés successivement
imaginés. Nous pouvons les diviser en deux catégories :
1º Isolement de la circulation cardio-pulmonaire; 2º Isolement du cœur pur et simple. Nous dirons ensuite quelques
mots de la reviviscence du cœur.

1º *Isolement de la circulation cardio-pulmonaire.*

Newell-Martin(1) est le père de la méthode. Il lie la veine-
cave inférieure, l'aorte à la naissance des carotides, une de
ces carotides est ouverte et munie d'une canule destinée à
laisser échapper le sang lancé par le ventricule gauche. Le
sang défibriné qui alimente le cœur est placé dans un vase
de Mariotte, pénètre dans le cœur droit par la jugulaire,
traverse le système pulmonaire, arrive au cœur gauche qui
le lance sous pression dans l'aorte et les coronaires ; une

---

(1) NEWELL-MARTIN. A neu method of studying the mammalian heart.
Studies from the biological Laboratory, Johns Hopkins University
(1881, p. 119, II.

2

carotide ouverte permet l'issue du sang que l'on recueille. On pratique la respiration artificielle et l'on a de la sorte un cœur isolé de toute connection nerveuse (1), soumis à une pression constante dont on peut toutefois faire varier la valeur, irrigué par un sang dont on peut modifier à volonté et la température et la composition.

Un tel cœur est capable de battre ainsi plusieurs heures.

On peut faire mieux et supprimer le poumon en abouchant directement l'artère pulmonaire et l'oreillette gauche (2).

Le procédé de *Stolnikow* (3) dérive de cette modification, il permet d'utiliser le sang même de l'animal. La préparation est assez laborieuse. On isole successivement les veines jugulaires et les artères carotides, puis on réunit ces vaisseaux deux à deux (artère et veine) par l'intermédiaire d'un tube en U. Durant l'expérience on pratique la respiration artificielle. Le sang du cœur droit est lancé par l'artère pulmonaire dans le poumon où il s'hématose, il revient au cœur gauche qui le renvoie au cœur droit par les carotides mises en communication avec les veines jugulaires.

On peut réaliser un isolement plus parfait. On réunit encore les carotides et les jugulaires par l'intermédiaire d'un tube en U, on réunit de la même manière la veine cave inférieure et l'aorte descendante. Tous les autres vaisseaux artériels et veineux sont liés. On a de la sorte un isolement complet par anémie totale des centres nerveux. Comme précédemment, le sang s'oxygène dans le poumon, grâce à la respiration artificielle.

Ce procédé, plus ou moins modifié, a été employé par

---

(1) Cet isolement est réalisé grâce à l'anémie totale des centres ne recevant plus de sang.

(2) Tschistowitsch. — *Centralblatt f. Physiologie*, Bd., I. 1887, p. 133.

(3) Stolnikow. — *Archives de Du Bois Raymond*. 1886, p. 1. Die Aichung des Blutstromes in der Aorta des Hundes.

Bohr et *Henriquez* (1), par *Hering* (2), par *Bock* (3), etc...
Ce dernier imagina un utile perfectionnement en remplaçant
le tube de communication pur et simple unissant artère et
veine par un appareil de résistance, jouant le rôle du
système capillaire et en diminuant ainsi la pression dans le
cœur droit.

La description de ces procédés ne peut manquer de faire
naître une objection dans l'esprit des lecteurs. Le sang ne
coagule-t-il pas dans les tubes de communication? Il ne doit
pas coaguler, et *Delezenne* a même démontré, que dans cette
préparation, chez le chien tout au moins, le sang devient
incoagulable ou perd beaucoup de sa coagulabilité. En réalité,
les coagulations sont relativement fréquentes et nous avons
eu, dans des expériences faites par cette méthode, plusieurs
insuccès dus à des coagulations dans les tubes de communication ; ceci nous détermina alors à faire aux animaux en
expérience une injection préalable d'extrait de têtes de
sangsue. De cette façon au moins, on n'a plus à redouter les
coagulations et la difficulté de la technique reste le seul
inconvénient de la méthode. C'est pour y remédier qu'Hédon
et Arrous (4) ont proposé une simplification du procédé
précédent. Ils suppriment toute communication entre artère
et veine et posent des ligatures sur les veines caves et sur
l'aorte à sa naissance. De cette façon, le sang est emprisonné
dans un système clos. La seule difficulté de technique est de

---

(1) Bohr et Henriquez. — Recherches sur le lieu de consommation de
l'oxygène et de la formation de l'acide carbonique dans le sang. — *Arch
de Phys.*, 1878, p. 459.

(2) Hering. — Methode zur Isolirung des Herz-Lungen-Coronarkreis-
laufer bei nublutiger Aunschallung des ganzen Centralnervensystems.
Archives de Pflüger, 1898, p. 163.

(3) J. Bock. — Untersuchungen über Wirkung verschiedenenn Gifte
auf das isolirte Säugethierherz. *Archiv. für experimentelle Pathologie
und Pharmakologie*, 1898, p. 158.

(4) Hédon et Arrous. — *Archives internationales de Pharmacodynamie et de thérapie*, vol. VI, 1899.

conserver ce sang sous une pression ni trop forte ni trop faible. Le cœur droit le lance dans le poumon où il s'hématose grâce à la respiration artificielle, le cœur gauche le lance dans l'aorte, mais toutes les artères étant liées, il ne trouve qu'un débouché, les vaisseaux coronaires, par où il revient au cœur droit. Cette opération réussit bien chez le lapin. Le cœur du chien se montre plus fragile.

Enfin, pour terminer ce chapitre, nous proposerons une nouvelle méthode d'isolement du cœur, comparable aux précédentes et d'une facilité relative.

L'animal est anesthésié ou non. On isole et on lie successivement les deux vertébrales et les deux carotides. On pratique alors la respiration artificielle. Puis, après la ligature des principaux troncs veineux on décapite l'animal. Le canal vertébral est là sous les yeux de l'opérateur, avec une tige rigide armée ou non de crins on détruit la moelle épinière dans toute l'étendue du canal vertébral. On pourrait tout aussi bien, à l'exemple de MM. Wertheimer et Lepage faire l'écouvillonnage du canal vertébral, et de cette façon retirer la moelle intacte en un ou plusieurs temps. Ce procédé est évidemment plus élégant, mais il exige plus de dextérité.

Bref, l'opération terminée, on a un cœur absolument isolé. Cependant le troisième ganglion cervical inférieur et les ganglions thoraciques persistent encore. Sont-ils encore capables d'agir ? Nous nous le demandons. Dans tous les cas cette objection persiste à propos des méthodes décrites ci-dessus.

Quel est le résultat de cette préparation. Dans trois ou quatre essais faits chez le chien, nous avons vu le cœur s'arrêter rapidement et en somme nous n'avons eu que des insuccès. Mais il est possible d'en trouver la raison. D'abord nous déterminons par cette section de la moelle *suivie aussitôt* de sa destruction un abaissement considérable de la pression artérielle. Peut-être que si par une injection de sérum artificiel nous avions relevé cette tension le cœur aurait continué à battre.

Ce n'est pas tout, et la précipitation mise dans l'exécution des différents temps de l'opération peut être la cause de nos insuccès. M. Wertheimer conseille d'attendre quelque peu entre le moment où l'on sectionne la moelle et celui où on la détruit.

Nous tiendrons compte, par la suite, de ces remarques et nous espérons, en agissant avec plus de précautions, arriver à notre but.

Dans cette méthode, comme dans les précédentes, le cœur se nourrit lui-même comme à l'état normal, envoyant à chaque systole dans ses coronaires le sang hématosé, grâce à la circulation artificielle.

L'isolement est, certes, déjà complet, cependant on peut l'obtenir absolu, nous allons le voir dans le paragraphe suivant.

2° *Isolement du cœur pur et simple.*

Dans ce procédé, le cœur est retiré de la poitrine de l'animal. On entretient son activité en injectant dans les coronaires du sang défibriné. Le principe de cette méthode repose sur les recherches d'*Arnaud*.

Cet auteur a démontré (1) qu'en injectant du sang défibriné et oxygéné dans les coronaires, on voyait reprendre les battements du cœur. Toutefois, au delà de 25 minutes, il ne réussit plus à ranimer l'organe.

Hédon et *Gilis* (2) répètent cette expérience de Arnaud sur un cœur de supplicié et raniment les battements 3/4 d'heure

---

(1) D⟨r⟩ H. Arnaud. *Arch. de Phys.* 1891. Expériences pour décider si le cœur et le centre respiratoire ayant cessé d'agir sont irrévocablement morts.

(2) Hédon et Gilis. *C. R. Soc. de Biol.*, p. 760, 1892. Sur la reprise des battements du cœur après arrêt complet de ses battements sous l'influence d'une injection de sang dans les artères coronaires.

après la mort. Ils injectèrent 420 c. c. de sang défibriné dans l'aorte et entretinrent ainsi l'activité du cœur durant 23 minutes. Ces mêmes auteurs répétèrent sur des cœurs de chiens cette curieuse expérience couronnée d'un égal succès.

Ainsi donc, il suffit d'injecter dans les coronaires du sang défibriné et oxygéné pour ranimer un cœur mort. *Langendorf* (1), partant de ce principe, perfectionne le procédé et entretient l'activité du cœur de mammifère durant un temps considérable. Il introduit une canule dans l'aorte et, évitant l'accès de l'air, injecte sous pression par cette voie du sang défibriné. Les valvules sigmoïdes se fermant, obligent le sang à passer dans les coronaires, il arrive ainsi dans le cœur droit d'où il s'échappe librement. Le cœur, de cette façon travaille aussi bien qu'à l'état normal, et l'on peut, variant à volonté les conditions d'expérience, étudier les perturbations déterminées par ces changements.

On peut également, à l'exemple de *Porter* (2), introduire directement une canule dans les artères coronaires. Cette modification du procédé de Langendorf complique légèrement la technique, mais peut être avantageuse.

Bref, quoi qu'il en soit, voici maintenant le cœur des mammifères isolé et maintenu artificiellement en activité, tout comme le cœur des animaux à sang froid.

Nous retrouverons naturellement les mêmes discussions que précédemment à propos du liquide nourricier.

Langendorf (3), qui employa précédemment le sang défibriné, conclut que la solution de chlorure de sodium est incapable d'entretenir les battements du cœur des mammifères.

---

(1) Langendorf : Untersuchungen am überlebenden Säugethier-Herzen, *Archives de Pflüger*, 1895, t. 61, p. 291-332.

(2) Porter. — On the cause of the heart beat. *Journal of experimental Medecine*, vol. VIII, 1897, p. 391.

(3) *Loc. cit.*

Ruchs (1) fait des recherches comparatives sur la valeur des différents sérums. Mettant au repos le cœur par lavage à l'eau salée, il essaie le sang laqué mélangé à la solution physiologique, le sérum de cheval, de chien, de bœuf (ce dernier donne de mauvais résultats), le liquide de Ringer, la solution saline alcalinisée avec du bicarbonate de soude, le liquide d'Albanese. Tous entretiennent plus ou moins l'activité rythmique du cœur ; toutefois, d'après cet auteur, le liquide de Ringer agit bien plus favorablement que le sérum.

Locke (2), à la suite de recherches sur le cœur de lapin, constate l'influence favorable de son sérum et cette affirmation est confirmée par les travaux de Kuliabko.

La théorie des partisans des sérums salins semble donc triompher. Mais nous renvoyons le lecteur aux remarques que nous avons faites plus haut.

3° *Réviviscence du cœur de mammifères*

Il résulte des faits précédents que, grâce à certaines précautions techniques, on peut isoler complètement et faire battre le cœur des mammifères à l'instar de celui des animaux à sang froid. De là à ranimer le cœur, plus ou moins longtemps après la mort, il n'y a qu'un pas.

Si la possibilité d'entretenir l'activité rythmique du cœur repose sur le principe des circulations artificielles ; le fait de la réviviscence a, pour points fondamentaux, a) la prolongation des battements du cœur, b) la conservation de son irritabilité.

---

(1) H. Ruchs. — 1898. Experimentelle studien uber die Ernährung des Säugethierherzens. *Arch. f. d. ges. Phys.*, LXXIII, 545-594.

(2) 1901. Locke F. S. — Die Wirkung der Metalle des Blutplamas und verschiedener Zucker auf das isolirte Säugethierherz. *Centralblatt f. Physiologie*, XIV, 670-672.

α) *Prolongation des battements du cœur.*

On sait que, dans bien des cas de mort accidentelle, cet organe se montre l'*ultimum moriens*. Tous les vivisecteurs ont observé la persistance plus ou moins longue des battements cardiaques après l'arrêt complet de la respiration.

Vulpian (1) a vu chez un chien les contractions « fibrillaires », il est vrai, de l'auricule droite persister 93 heures après la mort.

Waller et *Reid* (2) ont observé les battements cardiaques durant 72 minutes.

Cyon a constaté que les cœurs de chiens soumis préalablement à des pressions de deux atmosphères à deux atmosphères et demie et respirant sous ces pressions de l'oxygène pur, pouvaient continuer à battre régulièrement plus d'une heure, même quand ils sont complètement exsangues.

Nous trouvons dans nos notes (3), à propos d'un chat tué par une injection d'oxalate de soude : « A l'autopsie (faite quelques minutes après la mort) on constate des mouvements rythmiques des oreillettes et du ventricule droit. Ces mouvements sont observés plus d'une heure, bien que le cœur ait été retiré de la poitrine et placé sous un cardiographe construit extemporanément sur le modèle du cardiographe de grenouille. »

La connaissance de ces faits est très importante, car elle explique les résultats merveilleux obtenus, dans bien des cas, avec la respiration artificielle ou les tractions de la langue, pratiquées même tardivement. Toutefois, il faut se défier de ces résurrections tardives (par exemple un noyé ranimé après 20 minutes ou plus de submer-

---

(1) VULPIAN. *Comple-rendus de la Société de Biologie*, 1858.

(2) WALLER et REID. *Philosophical Transactions*, 1887.

(3) Observat. 31. — Recueil expériences du laborat. de Physiol. 1901.

sion) (1) et penser parfois à la possibilité d'une erreur
d'interprétation dans la longueur du temps écoulé. Expéri-
mentalement, en effet, Richet a démontré que chez le chien
la résistance du cœur à l'asphyxie était beaucoup moindre.
La respiration artificielle ne lui a plus permis de ranimer les
chiens en expériences, 7 minutes 30" après l'occlusion de la
trachée chez le chien normal, ou 16' chez les animaux
refroidis à 25°

Dans deux expériences (2), nous avons étudié la mort du
cœur par la méthode graphique chez des chiens curarisés
ayant reçu de plus une injection de strychnine. Nous n'avons
pas noté la température des animaux, mais elle était certainement abaissée, car les animaux se trouvaient en expérience
depuis une heure et demie à deux heures. A un moment
donné nous avons cessé la respiration artificielle et observé
les phénomènes consécutifs. Nos chiffres concordent avec
ceux de Richet, moyenne de nombreuses expériences. Dans
l'observation 42, le cœur cessa de battre au bout 8' 15",
dans l'observation 44, au bout de 7'8".

6) *Conservation de l'irritabilité.*

Si la prolongation des battements du cœur est un fait intéressant, la conservation de son irritabilité explique la possibilité de ranimer l'organe même après l'arrêt complet. Il
suffit de trouver un excitant capable de ranimer cette activité

---

(1) On sait qu'il y a deux catégories de noyés : les noyés *blancs* et les
noyés *bleus.* Chez les premiers seulement il y a pénétration abondante
d'eau dans les poumons et asphyxie rapide. Les seconds sont en état de
syncope. Cet heureux phénomène, quand il survient, facilite le retour à
la vie et explique les submersions prolongées. Mais chez tous les noyés
un spasme de la glotte empêche le plus souvent la pénétration de l'eau
dans les voies respiratoires, et si la submersion n'a pas été prolongée on
peut ranimer ces noyés au bout d'un temps fort long (une heure parfois),
ainsi que le prouvent les faits cités par Laborde dans son livre :
*Le traitement physiologique de la mort : Les tractions rythmées de la
langue, etc.*

(2) Observat. 42-43. Recueil d'exp. du labor. de Phys. 1903.

qui sommeille, une main pour lancer le volant et la machine se remet à marcher comme autrefois.

La conservation de cette irritabilité est démontrée par des faits expérimentaux.

Chez un animal récemment sacrifié on peut, par des chocs ou des interruptions électriques, provoquer des systoles isolées, à condition que l'organe n'entre pas en contractions fibrillaires (1). Même quand ces contractions fibrillaires se produisent, on peut, ainsi que l'ont démontré Batelli et Prévost, les faire cesser par l'application d'un fort courant électrique et le cœur reprend alors son activité rythmique. C'est là une preuve évidente de la conservation de son irritabilité.

La possibilité de ranimer un animal par le *massage du cœur* en est une autre preuve. Ce massage, malgré les insuccès des chirurgiens, est d'une réelle efficacité. Nous en avons observé dans deux récentes expériences deux exemples frappants, et identiques. Voici l'un d'eux : C'était au cours d'une chloroformisation faite pour essayer un appareil à anesthésie. Un accident survenu à l'appareil fit arriver à l'animal un air trop chargé de chloroforme. La mort s'en suivit. Nous ne surveillions point nous-même l'expérience, on nous avertit. La respiration artificielle fut établie sans retard par compression du thorax. Mais elle fut inefficace. A l'auscultation, n'entendant pas les battements du cœur, nous jugeons inutile de prolonger cette manœuvre.

Cependant nous ouvrons largement le côté gauche du thorax. Le cœur ne bat plus, mais au bout de deux minutes de massage il se contracte, faiblement d'abord, puis de plus en plus fort. On insuffle de l'air dans la trachée afin de favoriser le retour à la vie. La respiration et les réflexes

---

(1) Prévost. Contribution à l'étude des trémulations fibrillaires du cœur électrisé. *Revue Médicale de la Suisse Romande*, 20 Nov. 1898, p. 545.

reparaissent sans tarder. L'animal est donc bien ressuscité. Malgré un éclairage défectueux, et la nécessité d'opérer très hâtivement, nous fermons l'orifice de la plèvre médiastine (celle-ci avait été ouverte en faisant le massage), après avoir immobilisé le poumon en inspiration de façon à réduire le pneumothorax. Après la même précaution pour la suture de la plèvre pariétale gauche, nous fermons la plaie thoracique. L'animal est détaché, son pouls est bon, sa respiration n'est point dyspnéique, il va et vient dans le laboratoire. Le lendemain il était encore vivant et dans un état de santé satisfaisant. Nous l'avons sacrifié, car l'opération avait été faite sans la moindre antisepsie et trop hâtivement. L'autopsie a montré des lésions de pleurésie aiguë.

Ainsi donc, prolongation des battements cardiaques, conservation de l'irritabilité du myocarde, voilà les principes fondamentaux ; la reviviscence du cœur isolé en est la conséquence logique.

Arnaud, Hedon et *Gilis*, trois français, sont les premiers auteurs qui ont démontré d'une façon indiscutable la possibilité de ranimer un cœur de mammifère arrêté depuis un temps plus ou moins long, et extrait de la poitrine.

Il est intéressant de rappeler ici que chez le lapin refroidi aux environs de 20° le cœur peut rester sans le moindre mouvement durant une demi-heure et si, réchauffant l'animal, on pratique la respiration artificielle, on est tout étonné de voir revenir les battements cardiaques, puis la respiration spontanée (1).

Waller (2) congèle le cœur durant trois heures, et après ce temps le réchauffe et fait reparaître les contractions.

---

(1) Richet. *Dictionnaire de Physiologie,* t. I, p. 752, article Asphyxie
(2) Waller and E. Waymouth Reid. — On the action of the excised mammalian heart. *Phil. Transact. Roy. Soc. London,* 1888, p. 215.

Langendorf, étudiant l'action des différentes températures sur le cœur de mammifère, remarque que le cœur refroidi, s'arrête et rebat si on le réchauffe, même si l'on attend quelque temps. Cet auteur admet de plus, que l'on peut ranimer un cœur par transfusion de sang dans les coronaires, aussi longtemps que le myocarde n'est pas entré en rigidité cadavérique. Nous en arrivons enfin aux travaux de Kuliabko.

La reviviscence du cœur de mammifère n'est donc point un fait imprévu. L'originalité de Kuliabko consiste surtout dans la longueur du délai entre le moment de la mort et celui de la reviviscence. Cette découverte curieuse, dont le mérite lui revient tout entier, est à rapprocher de celle de Brown Sequard, démontrant en 1850-51 que les muscles en état de rigidité cadavérique n'avaient de la mort que l'apparence, puisque l'injection de sang défibriné frais, leur rendait et leur souplesse et leur contractilité.

DEUXIÈME PARTIE

Après la description du protocole de nos expériences, nous résumerons les résultats obtenus au point de vue de la réviviscence dans 14 expériences faites avec le sérum de Locke. Puis, après une courte remarque au sujet du glucose entrant dans la constitution du sérum, nous dirons un mot du rôle que semble jouer l'addition de sang au sérum de Locke et nous en arriverons enfin à la démonstration de l'utilité des sels de calcium.

1º **Protocole des expériences.**

a) Sérum. — Nous avons donné plus haut la formule du sérum de Locke. Il est bon de remarquer que le chlorure de calcium, en présence du bicarbonate de soude, donne un léger précipité de carbonate de chaux. Il est donc indispensable de filtrer soigneusement le sérum.

De plus, on ne peut guère le préparer d'avance à moins de n'ajouter le glucose qu'au dernier moment. Au bout de 48 heures, quand il renferme du glucose nous l'avons trouvé troublé, sans pouvoir le clarifier par filtration.

Au lieu d'eau distillée, nous avons employé dans nos premières expériences de l'eau d'Emmerin. Nous avons choisi cette dernière, parce que celle qui se trouve dans les conduites du laboratoire de Physiologie est fortement aérée. Son emploi nous a paru avantageux et il est possible que l'augmentation de la teneur en chaux d'un tel sérum, soit en partie la cause de ce résultat favorable.

b) Oxygénation. — Après plusieurs essais, nous avons conclu que l'oxygénation, nous dirions mieux aération, même extemporanée faite au moyen d'un serpentin percé de trous mis en relation avec une trompe à eau était parfaitement suffisante.

Nous avons essayé d'oxygéner notre sérum en y faisant barboter de l'oxygène pur, nous l'avons même oxygéné sous pression avec un appareil *ad hoc* que l'institut aéropneumatique de Lille a gracieusement mis à notre disposition. Nous n'avons pas eu de meilleur résultat si bien que nous en sommes finalement revenu au moyen qui nous a paru le plus simple et le plus économique.

c) Dispositif expérimental. — Il se compose de plusieurs parties représentées sur le schéma ci-joint.

D'abord une potence P permettant d'élever à différentes hauteurs une planchette sur laquelle on dépose les flacons contenant le sérum.

Nous avons employé des flacons de cinq litres à tubulure inférieure.

Un tube en Y permet de faire déboucher deux flacons dans un conduit unique. Grâce à ce dispositif, on peut renouveler

le sérum d'un flacon vide sans interrompre la circulation.
Le conduit arrive à un serpentin en étain fin A plongé

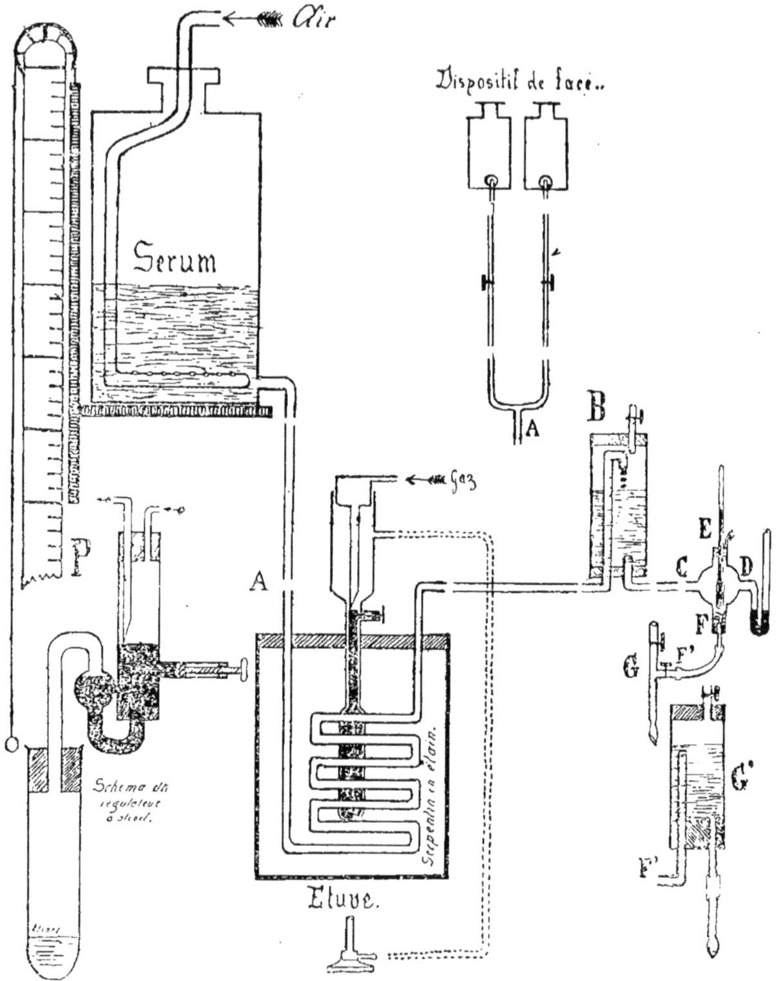

dans une étuve à eau chaude de grande capacité. Ce serpentin,
nous l'avons fait très long (1), de la sorte, le sérum a le temps

―――

(1) 11 mètres. Sa capacité est de 120 cc. environ.

de prendre à peu près la température de l'étuve quel que soit la vitesse de l'écoulement du liquide.

Pour maintenir notre étuve à une température constante, nous avons fait primitivement usage d'un régulateur Chancel. Mais comme les variations de température étaient quelquefois un peu brusques, à cause de la vitesse d'écoulement, un régulateur à mercure ne nous a point paru assez sensible et nous l'avons remplacé par un régulateur à alcool très simple à construire et qui nous a donné de bons résultats, grâce à sa sensibilité. Ce régulateur est représenté en bas et à gauche de la planche.

En sortant du serpentin où il s'échauffe, le sérum arrive dans un tube (B) vérificateur de débit, en même temps que tube de sûreté destiné à empêcher l'introduction de bulles d'air dans la portion terminale de l'appareil. Il suffit de regarder la figure pour en comprendre le fonctionnement. Les bulles d'air, s'il y en a, s'accumulent à la partie supérieure du tube, et de cette façon on peut, en examinant le tube recourbé par où arrive le sérum, constater la régularité du débit. Si le débit diminue au cours de l'expérience, toute chose étant égale d'ailleurs, il faut penser à des embolies (bulles d'air, ou corps étrangers) dans le système des coronaires.

Le sérum, au sortir de ce tube vérificateur, arrive dans un tube à quatre branches, par une branche latérale (C). L'autre branche latérale (D) communique avec un manomètre à mercure. Un thermomètre est introduit par la branche supérieure (E), la branche inférieure (F) communique avec la canule (G) introduite dans l'aorte (1). On peut, si l'on veut, introduire dans cette branche un peu de laine de verre qui opère une filtration extemporanée.

---

(1) On évitera plus sûrement les bulles d'air en faisant communiquer la branche inférieure du tube à quatre branches, avec un appareil semblable à celui indiqué en bas et à droite sur la figure. La canule aortique est reliée directement à cet appareil et, de la sorte, le danger d'embolies gazeuses est réduit au minimum.

d) *Préparation du cœur.*

Elle est des plus simple. On enlève le cœur en conservant un bout de l'aorte et, par cette aorte, on introduit une canule qu'on lie fortement. Nous avons l'habitude de faire cette ligature après la naissance des carotides. De cette façon, il nous suffit d'adapter la canule à l'extrémité inférieure du tube à quatre branches. On permet alors doucement l'arrivée du sérum, l'air qui se trouve dans la canule et, dans l'aorte s'échappe par les carotides. Bientôt, le sérum s'écoule par ces artères béantes. On les pince ou on les ligature et le sérum pénètre alors sous pression dans les artères coronaires. Malgré ces précautions les embolies gazeuses se produisent cependant assez fréquemment.

Nous avons constaté que les valvules sigmoïdes ne forment pas cette barrière infranchissable dont parle Langendorff. Ce dernier est très catégorique et dit que le cœur ne se remplit pas, que le cœur fonctionne à vide, le liquide injecté par les artères coronaires arrivant dans l'oreillette droite ouverte, d'où il s'écoule librement.

Or, nous avons trouvé que toujours le cœur se remplissait de sérum. Quelque soit la pression. C'est là une circonstance fâcheuse qu'il faudrait pour le bien supprimer; nous n'avons pu y parvenir.

Voyons maintenant les résultats obtenus par la méthode que nous venons d'exposer, méthode imaginée par nous, car nous n'avons pu nous procurer la description de la technique de Kuliabko.

2º **Analyse des expériences.**

a) *Reviviscence du cœur.*

Nous donnons, sous forme de tableau, le résumé de nos expériences, en suivant l'ordre chronologique. Dans un tableau plus succint, nous donnons successivement les délais durant lesquels nous avons réussi ou tenté la reviviscence du cœur.

Observ.	ANIMAL	GENRE DE MORT	SÉRUM EMPLOYÉ	Circulation artificielle employée	RÉSULTATS
36	Chien	Injection intraveineuse d'oxalate de soude.	Sérum de Locke aéré avant l'injection durant 1/2 heure.	15' après la mort. 4 h. 30' Id.	Battements rythmiques, oreillettes et ventricules. Les oreillettes ont rythme normal, les ventricules se contractent avec énergie mais moins souvent que les oreillettes. (L'expérience est prolongée 1 heure seulement.) Aucun battement.
37	Chien	Mort avec des lésions de péricardite et de pleurésie.	Id.	Moins de 24 heures après la mort.	Aucun battement.
38	Chien	Injection intraveineuse d'oxalate de soude.	Id.	30'' après la mort.	Battements rythmiques des oreillettes. (L'expérience n'est prolongée qu'1/2 heure)
39	Chien	Mort par arrêt de respiration artificielle.	Sérum de Locke aéré par insufflation d'air durant 24 heures.	1 h. après le dernier mouvement du cœur observé directement. 2 h. Id.	Battements rythmiques énergiques des oreillettes. Tremblements fibrillaires des ventricules. Battements rythmiques énergiques des oreillettes.
41	Chien]	Injection préalable de strychnine et de curare. Mort par arrêt de la respiration artificielle.	Sérum de Locke aéré par insufflation d'air durant l'injection.	28' après le dernier mouvement du cœur observé directement. 65' Id.	Battements rythmiques oreillettes. id. id. ventricules. Battements rythmiques oreillette droite. id. id. ventricule droit. Excitation mécanique provoque systole de l'oreillette gauche qui n'entre pas spontanément en activité.
42	Chien	Id.	Sérum de Locke oxygéné avant et pendant l'injection.	17 heures.	Circulation artificielle est pratiquée durant 1 heure. *On croit* apercevoir à un moment donné, tremblements fibrillaires de l'oreillette droite.

Observ	ANIMAL	GENRE DE MORT	SÉRUM EMPLOYÉ	Circulation artificielle employée	RÉSULTATS
	Chien	Id.	Sérum de Locke sans glucose, oxygéné durant injection, aeré par insufflation ensuite.	1 h. après le dernier mouvement du cœur directement observé. 2 h. 1/2 Id.	Battements rythmiques des oreillettes. Contractions fibrillaires des ventricules. Battements rythmiques des oreillettes.
45	Lapin	Tué par rupture du nœud vital.	Sérum de Locke aeré durant injection.	1 h. après la mort.	Battements rythmiques des oreillettes et des ventricules.
48	Chien	Animal curarisé, meurt par arrêt de la circulation artificielle.	Sérum de Locke aeré durant injection.	1 h. 11 après l'observation directe du dernier battement cardiaque. 2 h. 20 Id.	Le ventricule droit se contracte le premier, puis les oreillettes. Les oreillettes se contractent rythmiquement et avec énergie, mais seules.
49	Lapin	Tué par saignée.	Sérum de Locke aeré durant injection.	22 h. après la mort.	Malgré circulation artificielle prolongée durant 3/4 d'heure, aucun battement.
53	Chien	Tué par piqûre du bulbe	Sérum de Locke préparé avec eau d'Emmerin soigneusement filtrée et aerée. Aération durant l'expérience.	25' après la mort. 45' Id.	Battements rythmiques des oreillettes et des ventricules. Contractions fibrillaires du ventricule droit. Battements rythmiques des oreillettes observés durant 1 heure. A ce moment ils sont faibles et on cesse l'expérience.
54	Chien	Mort au cours d'une chloroformisation.	(Sérum varié, voir plus loin l'obs. détailée.	Avec sérum de Locke 1 h. 23 après la mort.	Battements rythmiques des deux oreillettes.
56	Chien	Chien curarisé et strychnisé. — Isolement du cœur suivant méthode d'Hedon, arrêt rapide.		Insuccès.	

Observ.	ANIMAL	GENRE DE MORT	SÉRUM EMPLOYÉ	Circulation artificielle employée	RÉSULTATS
58	Chien	Piqûre du bulbe.	Sérum de Locke oxygéné sous pression.	7 h. après la mort.	La circulation artificielle est en vain pratiquée durant 1/2 heure.
59	Chien	On prépare le cœur suivant la méthode d'Hedon. Le cœur s'arrête rapidement.		1 h. 16 après le dernier battement.	La circulation artificielle est pratiquée en vain durant 3/4 d'heure, on ne constate que des tremblements fibrillaires.
61	Chien	Piqûre du bulbe.	Sérum de Locke oxygéné sous pression (voir plus loin influence des sels de Ca.).	25' après la mort.	Battements des oreillettes. Battements des ventricules (ces derniers s'arrêtent bientôt),
64	Chien	Sacrifié au cours d'une vivisection.	Sérum de Locke. (Voir observation détaillée). Sérum de Locke additionné d'un peu de sang.	20' après la mort. 4 h. 35 Id. 17 h. 20 Id. 19 h. 20 Id.	Tremblements fibrillaires des ventricules. Battements rythmiques (progressivement plus énergiques) des oreillettes. Battements rythmiques très énergiques des oreillettes. Id. Id.
65	Chien	Tué par saignée	(Voir l'observation *in extenso*).	12' après le dernier battement observé.	Contractions énergiques des oreillettes et des ventricules.
66	Lapin	Tué par saignée		20' après le dernier battement observé.	Contractions énergiques des oreillettes. Les ventricules sont au repos mais il s'est produit des embolies dans les coronaires.
67	Chien	Mort d'asphyxie par rupture des culs-de-sac pleuraux découverts durant une vivisection.	Sérum de Locke. eau d'Emmerin. Aération extemporanée.	2 h. 3/4 après la mort.	Contractions énergiques des oreillettes.

TABLEAU Nᵒ II

12 m. après la mort. Battements rythmiques.			Oreillettes, ventricules	(obs. 65).
15 m.	»	»	Oreillettes, ventricules	(obs. 36).
20 m.	»	»	Oreillettes	(obs. 66).
25 m.	»	»	Oreil^{tes}, ventricules	(obs. 53, 61).
28 m.	»	»	Oreillettes, ventricules	(obs. 41).
30 m.	»	»	Oreillettes	(obs. 38).
45 m.	»	»	Oreillettes	(obs. 53).
1 h.	»	»	Oreillettes	(obs. 39, 44).
			Oreill^{tes}, ventricules	(obs. 45).
1 h.05	»	»	Oreillettes, ventricules	(obs. 41).
1 h.11	»	»	Oreillettes, ventricules	(obs. 48).
1 h.15	»	»	Insuccès.	
1 h.23	»	»	Oreillettes	(obs. 54).
2 h.20	»	»	Oreillettes	(obs. 48).
2 h.30	»	»	Oreillettes	(obs. 44).
2 h.45	»	»	Oreillettes	(obs. 67).
4 h.30	»	»	Insuccès	(obs. 36).
4 h.35	»	»	Oreillettes	(obs. 64).
7 h.	»	»	Insuccès	(obs. 58).
17 h.	»	»	(?)	(obs. 42).
17 h.22	»	»	Oreillettes	(obs. 64).
19 h.20	»	»	Oreillettes	(obs. 64).
22 h.	»	»	Insuccès	(obs. 49).
21 h.	»	»	Insuccès	(obs. 39).

Ainsi que l'on peut s'en convaincre par la lecture du tableau ci-dessus, ou du résumé de nos expériences, on ranime aisément le cœur de chien ou de lapin par la circulation du sérum de Locke.

Tantôt le cœur se contracte rythmiquement en totalité. Nous avons obtenu ces résultats en laissant un temps relativement court entre le moment de la mort et celui de la circulation artificielle (une demi-heure en moyenne).

Certains cas, toutefois, ont été plus favorables : 1 h. (lapin), 65' (chien), 71' (chien). Mais 71' marque le terme maximum, au-delà duquel nous n'avons plus réussi à ranimer le cœur en totalité.

En général, après une demi-heure, nous n'obtenions guère que des contractions rythmiques des oreillettes, et quelquefois des contractions fibrillaires du ventricule.

Par contre, nous enregistrons un insuccès complet en attendant 7 heures, 17 heures, 22 heures, 24 heures environ après la mort.

Dans certaines circonstances, après avoir ranimé le cœur, nous avons cessé l'expérience ; puis 4 heures, 5 heures après, nous recommencions la circulation artificielle : nous n'avons plus réussi à réveiller la moindre contraction. Nos expériences étant souvent faites l'après-midi ou dans la soirée, le lendemain matin nous n'arrivions plus à ranimer le cœur, quelles que soient les précautions prises pour empêcher sa dessication. Malheureusement, nous n'avons pas noté ces tentatives infructueuses, de sorte qu'il nous est impossible de préciser.

Cependant nous pouvons citer une expérience, seule, malheureusement, où nous avons obtenu des résultats remarquables, puisque 19 heures 20 après la mort de l'animal nous avons ranimé les battements des oreillettes. L'observation mérite d'ailleurs d'être reproduite *in extenso*. On y trouvera, outre les résultats mentionnés, quelques remarques montrant l'influence de l'albumine et l'influence des sels de chaux, dont nous reparlerons plus loin.

OBSERVATION 64

Reviviscence. — Sels de calcium. — Albumine.

Chien griffon m., 6 k. 670, sacrifié au cours d'une vivisection.

A 3 h. 40 on observe les derniers battements du cœur.

4 h. Circulation avec sérum de Locke (longuement aéré) :
  Contractions fibrillaires des ventricules.
  Battements rythmiques progressivement plus énergiques
    des oreillettes.

4 h. 7. Sérum de Locke sans calcium :

Les contractions fibrillaires des ventricules cessent.

Les battements des oreillettes sont excessivement faibles.

4 h. 15. Sérum de Locke :

Contractions énergiques des oreillettes.

Les mouvements fibrillaires des ventricules reparaissent.

On fait ensuite circuler alternativement du sérum de Locke additionné d'une faible quantité de sang (1) et du sérum de Locke pur.

On enregistre par la méthode graphique les battements des oreillettes. Tandis qu'avec le sérum de Locke le graphique obtenu est presqu'une ligne droite, avec le sérum de Locke additionné de sang on constate des systoles très nettes.

A *8 h. 14*, on renouvelle la circulation du sérum de Locke additionné de sang, dans le cœur abandonné à lui-même depuis 6 heures. Les battements des oreillettes reprennent avec énergie.

Le lendemain à *9 heures du matin*, en employant le même sérum, les oreillettes sont de nouveau ranimées.

A *11 heures du matin*, on ranime encore les oreillettes ; à ce moment on touche à la canule introduite dans l'aorte, les battements cessent brusquement et ne peuvent plus être ramenés.

Ces résultats méritent quelques commentaires. Le sérum de Locke donne, on le voit, des résultats relativement bons. Mais, il faut bien le dire, si l'on ressuscite le cœur, c'est seulement dans certaines parties. L'oreillette, l'ultimum moriens, revient facilement à la vie. Pas toujours toutefois, dans un cas nous avons vu le ventricule droit se contracter avant les oreillettes.

Il faut signaler, de plus, quelques irrégularités dans le fonctionnement du cœur. Si, dans certains cas, il rebat régulièrement et avec énergie, cette activité, dans d'autres cas, s'épuise assez vite. Nous avons vu aussi : tantôt les deux ventricules se contracter d'une façon non synergique, tantôt

---

(1) On utilisa le sérum de Locke ayant entraîné la faible partie de sang qui était resté dans les vaisseaux coronaires et le cœur droit.

le ventricule gauche seul rester au repos, tantôt les oreillettes seules battre rythmiquement. Nous avons observé, dans un cas, des trémulations fibrillaires des oreillettes, tandis que les ventricules se contractaient rythmiquement, rarement, mais avec énergie. Le plus souvent toutefois l'inverse se produit, les oreillettes battant rythmiquement, les ventricules présentant des trémulations fibrillaires. Concluons donc que le fonctionnement du cœur ressuscité est souvent irrégulier, si on emploie le sérum de Locke ; mais, empressons-nous d'ajouter : que nos essais ont porté presqu'uniquement sur des cœurs de chiens. *Le cœur de cet animal est d'une grande susceptibilité.* Ceci explique en partie les difficultés que nous avons eues, et montre, d'autre part, l'excellence de la méthode, car nos résultats sont relativement satisfaisants et en employant un cœur moins fragile que celui du chien, le sérum de Locke ne mériterait probablement pas les reproches que nous lui adressions tout à l'heure.

M. L. Lapicque et Mme Gatin-Gruzewska (1) ont déjà fait ces constatations et sans doute inspirés par les recherches de Gley (2) ils ont démontré que chez les chiens chloralisés les contractions fibrillaires des ventricules, les irrégularités rythmiques ne se produisent pas, le sérum de Locke faisant fonctionner régulièrement le cœur excisé (3).

Prévost et Batelli ont démontré, d'autre part, l'influence de l'alimentation sur la production des contractions fibril-

---

(1) M. L. LAPICQUE et Mme GATIN-GRUZEWSKA. — « Influence du chloral sur les battements rythmiques dans le cœur de chien excisé. » *Comptes rendus de la Société de Biologie*, 1er juin 1903.

(2) E. GLEY. — Contribution à l'étude des mouvements rythmiques des ventricules cardiaques. *Archives de physiologie*, 1891, p. 735.

(3) Nous avons constaté l'influence favorable de la chloralisation préalable, mais la régularité du cœur de chien n'est que transitoire et l'activité des ventricules s'épuise assez vite (1 heure). Passé ce temps nous avons vu les ventricules entrer en trémulations fibrillaires, les oreillettes continuant à battre. Toutefois nous restons sous la réserve à cause du petit nombre d'expériences faites de la sorte.

laires du cœur. Toutes ces remarques ont leur importance et peuvent expliquer bien des insuccès, car il est impossible de faire battre rythmiquement un cœur qui trémule.

b) *Quelques remarques sur les composants du sérum de Locke.*

1° *Albumine.*

On sait la discussion des auteurs au sujet de l'action de l'albumine. Nous ne voulons guère entrer pour le moment dans le vif de la discussion, mais nous tenons à insister sur notre observation 64, montrant l'influence favorable de la sérumalbumine. Cette observation nous paraît très significative. Dans le cas présent nous avons obtenu une résurrection des battements 19 h. 20 après la mort. Or, dans toutes les observations citées, nous n'avons pas obtenu avec du sérum de Locke pur, semblable résultat. Hasard, dira-t-on. Soit, mais hasard singulier alors. Ne concluons rien avant des expériences complémentaires remises à plus tard. Mais retenons que si l'on enregistre les pulsations d'un cœur dans lequel circule, tantôt du sérum de Locke pur, tantôt du sérum de Locke additionné de sang, on constate une différence notable dans la force des systoles et par ce fait l'action bienfaisante du sérum albumineux paraît indéniable.

2° *Glucose.*

La nécessité du glucose est contestée par certains auteurs. Or, accidentellement (obs. 44), nous avons fait un sérum sans glucose. Les oreillettes ont rebattu. Dans une autre observation (n° 54, cité plus loin), le sérum de Locke sans glucose se montre inefficace. On ajoute du glucose, les oreillettes se contractent avec énergie. Ces deux expériences sont d'autant plus comparables que, dans l'une et l'autre, la mort remontait à peu près au même temps.

De deux résultats aussi contradictoires on ne peut évidemment tirer aucune conclusion. Ce fait, toutefois, mérite un examen plus approfondi, que nous n'avons point fait, nous proposant particulièrement l'étude de l'influence des sels de calcium.

3° *Sels de calcium.*

Parmi les sels entrant dans la constitution des sérums salins, ceux de calcium ont une influence prépondérante. Cela ressort nettement des recherches des auteurs dont nous avons précédemment analysé les travaux.

Nos recherches nous imposent la même conclusion, et nous croyons pouvoir affirmer que la présence des sels de calcium est absolument indispensable au fonctionnement du cœur. Nous citerons d'abord deux expériences faites sur le cœur de la tortue, puis d'autres expériences faites sur le cœur de mammifère. Le lecteur sera juge.

OBSERVATION 50

Cœur de tortue.

Circulation artificielle avec sérum de Locke complet :
    Cœur bat avec énergie.

Circulation artificielle avec solution salée à 7,50 °°/₀ :
    Cœur bat faiblement.

Injection d'oxalate de soude (dans le but de décalcifier le cœur) :
    Contractions à peine appréciables.

Circulation avec solution salée :
    Les battements restent à peine appréciables.

Circulation avec sérum de Locke complet :
    Les battements reprennent avec énergie.

Circulation avec sérum de Locke sans calcium :
    Les battements deviennent très faibles.

Injection d'oxalate de soude :
    Les battements s'arrêtent.

Circulation avec sérum de Locke sans calcium :
    L'arrêt persiste.

Circulation avec même sérum, auquel on ajoute un peu de $CaCl_2$:
    Reprise énergique des battements.

OBSERVATION 55

Cœur de tortue.

Sérum de Locke sans calcium :
    Battements faibles.

Sérum de Locke :   ..
   Battements intenses.

OBSERVATION 51

Petit chien tué par piqûre du bulbe :

Extraction immédiate du cœur, on attend son arrêt complet avant de faire passer le sérum artificiel.

On prépare sérum de Locke suivant la forme habituelle.

On prépare sérum de Locke moins le chlorure de calcium.

On pratique avec une trompe à eau l'aération extemporanée.

3 h. Circulation avec *sérum de Locke* complet :

   Les battements reprennent avec une grande énergie et se produisent d'une façon régulière comme dans le cœur *in situ*.

3 h. 10. Circulation avec sérum de Locke *sans chaux :*

   Les battements s'affaiblissent progressivement.

   On injecte solution d'oxalate de Na, le cœur s'arrête sauf l'oreillette droite animée toutefois de battements imperceptibles.

   On cesse bientôt l'injection d'oxalate, mais le sérum sans chaux ne peut rendre plus énergiques les battements de l'oreillette droite qui sont à *peine visibles*.

3 h. 17. Circulation avec *sérum de Locke* complet :

   Les battements reparaissent progressivement et avec énergie, dans les oreillettes et les ventricules.

3 h. 23. Circulation avec sérum *sans chaux*, puis simultanément injection d'oxalate de soude :

   Les battements s'arrêtent. Ils ne reprennent point malgré la cessation de l'injection d'oxalate.

3 h. 28. Circulation avec *sérum de Locke* complet :

   Les battements reprennent dans les deux oreillettes, que l'on observe en activité durant 3 h. 1/2. A ce moment, on arrête l'expérience, les ventricules sont restés au repos.

OBSERVATION 54

Chien tué probablement par le chloroforme au cours d'une intervention, vers 6 heures du soir.

Dispositif habituel :

On prépare sérum de Locke complet.

   —   —   — sans calcium ni glucose.

On prépare le sérum de Locke sans glucose mais avec calcium.
   —   —   —   — sans calcium mais avec glucose.

7 h. 13. Sérum sans calcium ni glucose, 36°5 :
Contractions fibrillaires des deux ventricules.

7 h. 17. Sérum de Locke, sans glucose mais avec calcium, 37° :
Les contractions fibrillaires augmentent d'intensité.

7 h. 23. Sérum de Locke complet, 36°5 :
Les contractions des deux oreillettes commencent brusquement et avec énergie.

7 h. 26. Sérum sans calcium mais avec glucose, 36° :
L'énergie des contractions des oreillettes décroît progressi-
ment.

L'oreillette droite s'arrête.

L'oreillette gauche bat d'une façon imperceptible.

7 h. 32. Sérum de Locke complet, 36° :
Les oreillettes battent avec énergie.

7 h. 35. Sérum sans calcium, avec glucose, 36° :
Les oreillettes s'arrêtent ; l'oreillette gauche s'arrête la
dernière.

7 h. 38. Sérum de Locke complet, 36° :
Les oreillettes battent avec énergie.

7 h. 42. Sérum sans calcium, avec glucose, 36° :
Les battements des oreillettes s'arrêtent.

7 h. 45. Sérum de Locke complet, 36° :
Les battements des oreillettes se produisent avec une intensité remarquable.

On arrête l'expérience.

OBSERVATION 61

Chien de quelques semaines tué par piqûre de bulbe, 2 h. 50'.

3 h. 8'. Sérum (eau d'Emmerin, 1.000 gr. ; NaCl, 7 gr. 50) :
Contractions énergiques des ventricules et de l'oreillette
droite. L'oreillette gauche reste au repos. Le cœur faiblit
rapidement et s'arrête en totalité.

3 h. 14'. Sérum de Locke oxygéné sous pression.
Les battements des ventricules reprennent (faiblement),
puis ils s'arrêtent. Mais les deux oreillettes se contractent
avec énergie. Cependant, à 3 h. 37, leurs battements sont
très faibles.

Nous ne donnons pas la suite de cette expérience, où sont faites quelques recherches sur lesquelles nous reviendrons plus tard. Mais cette première partie prouve d'une façon indiscutable l'action bienfaisante du calcium. Tandis que le sérum salé n'entretient pas les battements du cœur de mammifère, nous voyons un sérum salé calcique ranimer un cœur et entretenir ses battements, au moins durant quelques minutes. Cette activité n'est, il est vrai, que passagère. Le sérum de Locke anime le cœur épuisé par le sérum précédent. Ce résultat prouve que si le calcium est utile et indispensable, *d'autres sels que lui peuvent avoir une importance considérable.*

Nous renvoyons le lecteur à notre expérience 64 déjà citée. Cette dernière comme les précédentes, prouve d'une façon manifeste et constante le **rôle capital** des sels de calcium.

Certains auteurs ont soutenu que l'acide oxalique était un poison de cœur (1). Cette affirmation, vu les faits précédents est très plausible. L'acide oxalique est un décalcifiant, il décalcifie tout l'organisme ; le cœur n'est pas à l'abri de cette action, et comme plus que tout autre organe peut-être, il a besoin de chaux, privé de cet élément primordial il s'arrête. La lectures de nos expériences, montre que dans le cas où nous avons essayé la réviviscence du cœur chez les animaux tués par une injection intraveineuse d'oxalate de Na, l'injection de sérum de Locke complet a ranimé d'une façon rapide et durable les contractions du cœur isolé. La décalcification ne produirait donc que des troubles passagers sans lésions matérielles définitives.

Toutes nos expériences prouvent la nécessité de la chaux pour le fonctionnement du cœur isolé. Un sérum de Locke, complet, ranime le cœur, un sérum de Locke, sans chaux, est impuissant.

On ne peut pas donner une preuve plus éclatante et plus belle du rôle biologique des sels de calcium.

---

(1) Nous avons observé dans nos recherches sur la toxicité des oxalates (encore en partie inédites) que le cœur s'arrêtait souvent avant la respi-

CONCLUSION

Il résulte de cet exposé qu'il est facile de ranimer les battements du cœur des mammifères, au moins dans certaines parties, plusieurs heures après la mort de l'animal.

Qu'un sérum salin est bien suffisant, s'il est oxygéné, pour entretenir l'activité rythmique du cœur, d'une façon passagère pour le chien au moins.

Que parmi les sels entrant dans la composition du sérum, les sels de chaux ont entre tous une action éminemment favorable, on doit même les considérer comme **indispensables.**

Est-il possible de tirer une conclusion pratique. Nous le pensons. Outre la mise en relif de l'importance biologique des sels de calcium, ces faits démontrent qu'un cœur mort est susceptible de rebattre. Ceci étant admis, on peut supposer qu'il est possible de ranimer un sujet *tant que les centres nerveux ne sont pas morts.* Dans ce cas, le rétablissement de la circulation provoquera le retour des fonctions organiques. Les seuls cas favorables et susceptibles d'être traités de la sorte seront évidemment les cas de mort violentes, morts déterminées par une syncope cardiaque en particulier, *morts sans altération matérielle incompatible avec la vie.* Cette hypothèse n'est point une simple vue de l'esprit. Brown-Séquard l'a déjà envisagée et il a réalisé expérimentalement de vraies résurrections (1). Il

---

ration et nous en avons recueilli des graphiques très démonstratifs. Si une fois, par hasard, le cœur, à l'ouverture du thorax, bat encore, et même assez longtemps (observat. 31 citée au cours de ce travail), on constate le plus souvent son arrêt en diastole. Il est de plus inexcitable et s'il répond à l'excitant électrique c'est par des contractions idio-musculaires et non par de véritables systoles.

(1) F. Brow-Sequard. — *Journal de la Physiologie de l'homme et des animaux*, 1858, p. 666. Recherches sur la possibilité de ramener momentanément à la vie des individus mourant de maladie.,

opérait sur des animaux mourants de maladies et porteurs de lésions fatalement mortelles. Souvent, dans ces expériences, la respiration était arrêtée depuis un nombre variable de minutes (17' dans un cas) les dernières convulsions de l'agonie avaient eu lieu, la pupille était dilatée ou se dilatait. Malgré ces circonstances évidemment défavorables, il a pu ranimer ces animaux agonisants. Les uns sont revenus complètement à eux pour plusieurs heures, les autres ont recouvré la respiration et la faculté réflexe, chez d'autres il n'y eut qu'une augmentation de la vitalité du cœur. L'auteur introduisait dans la carotide de ces animaux une canule en T, et par là leur transfusait du sang frais d'un animal sain, simultanément vers l'encéphale et vers le cœur.

Ces résultats sont encourageants. On peut supposer qu'ils auraient été tout à fait satisfaisants si, au lieu d'animaux malades, l'auteur avait pris des animaux sacrifiés d'une façon quelconque.

Ce que Bronw-Sequard, a fait avec du sang transfusé directement, ou du sang défibriné, nous nous proposons de l'essayer avec le sérum de Locke, d'un emploi plus facile. Si ces expériences sont couronnées de succès, pourquoi ne pas en faire l'application à l'homme. A côté des injections intraveineuses on verrait les injections intra-artérielles pratiquées en sens rétrograde. De cette façon, on ranimerait la circulation coronaire qui réveillant l'activité rythmique du cœur, faciliterait le retour à la vie. Cette technique serait susceptible d'être adoptée dans tous les cas où la respiration artificielle est en honneur, et quand cette dernière, employée seule, a été inefficace.

Cette conclusion nous paraît très rationnelle, le cœur peut être ranimé, on peut considérer le fait comme démontré. Les centres nerveux peuvent l'être également, nous le démontrerons ultérieurement ; qu'il nous suffise de citer le travail de Cyon : *Résurrection de certaines fonctions cérébrales à l'aide d'une circulation artificielle de sang à travers les vaisseaux craniens.* Cet auteur démontrant que même 20 ou 30 minutes après la ligature des vertébrales et des carotides, on peut réveiller par une circulation artificielle de sang défibriné les centres respiratoires, cornéens, vaso-moteurs et accélérateurs cardiaques.

En conséquence, on peut espérer, par une injection intra-artérielle, ranimer complètement un sujet dans les cas de *mort accidentelle.* Nous nous proposons de vérifier expéri-mentalement cette hypothèse, remettant à plus tard la publication de nos résultats qui, jusqu'ici, sont très encou-rageants.

———

Par suite d'un retard dans la remise de notre manuscrit, ce travail, présenté à la Société Anatomo-Clinique de Lille, dans la séance du 1er juillet 1903, sous le titre : *Influence des sels de chaux sur le fonctionnement du cœur*, passe aujourd'hui seulement à l'impression.

Nous relevons dans les comptes rendus des travaux étran-gers publiés depuis lors, deux mémoires se rapportant à notre sujet.

L'un est de DE VELICH (analysé in *Presse Médicale*, 26 sept. 1903, t. II, p. 682). Cet auteur a réussi à faire rebattre le cœur des animaux en expériences (l'espèce animale n'est point indiquée dans le compte rendu) en injectant dans la fémorale vers le cœur 200 c. c. de solution saline, et ceci *dix minutes après l'arrêt du cœur*. Sous l'influence de cette injection *massive*, les battements du cœur reprennent d'une façon rythmique et l'auteur conclut que cette pratique des injections artérielles, plus inoffensive que le massage du cœur, peut rendre de grands services en cas de mort sous le chloroforme.

L'autre mémoire est signé de LANGENDORF, et, pour lui, la présence des sels de chaux est la condition *sine qua non* du fonctionnement du cœur isolé (*Journal de Physiologie et de Pathologie générale*, analyses, 1903, tome V, p. 923).

———

NOTE COMPLÉMENTAIRE

REVIVISCENCE DE CŒURS D'ENFANT : 18 HEURES, 36 HEURES ET 37 HEURES APRÈS LA MORT.

par Maurice D'HALLUIN

Comme suite à une communication faite précédemment sur la vie du cœur isolé, sa reviviscence, et l'influence des sels de chaux sur le myocarde, voici aujourd'hui le résultat de quatre tentatives de reviviscence faites sur des cœurs d'enfants, trois sur des cœurs de morts-nés, une sur un cœur d'enfant ayant vécu quelques heures seulement.

I

Une première fois (observation 78) nous n'avons obtenu qu'un insuccès. L'enfant avait été extrait par une application de forceps au détroit supérieur, le 5 novembre, vers une heure de l'après-midi. Malgré les tentatives prolongées de respiration artificielle l'enfant ne put être ranimé, aucun mouvement respiratoire spontané ne se produisit.

Nous n'avons pu faire l'autopsie avant le lendemain 6 novembre, à 2 h. 30. Le cœur était en rigidité cadavérique, le sang coagulé dans ses cavités. On pratiqua la circulation artificielle dans ce cœur rigide durant deux heures environ, et l'on fit passer aussi 10 litres de sérum de Locke aéré extemporanément. On fit en vain varier la température et la pression, on ne constata aucun mouvement. Mais il faut ajouter que de nombreux infractus entravaient la circulation des coronaires. Ces infractus se traduisaient à la vue par des ilots ecchymotiques apparaissant à la surface du myocarde entièrement décoloré par un lavage prolongé là où les vaisseaux étaient perméables. La constatation de ce fait explique l'insuccès d'une façon rationnelle.

II

Nous avons été plus heureux dans notre seconde tentative (observat. 79).

Il s'agit encore d'un enfant mort-né (dimanche 8 novembre). Grâce à l'obligeance de l'interne, M. Piet, nous pûmes avoir le cœur un peu plus tôt, et **six heures** après la mort de l'enfant, nous enlevions sans précaution aucune, opérant à travers une étroite ouverture thoracique, l'appareil cardio-pulmonaire. Le cœur était dans un état lamentable, et ceux qui le virent petit et contracté, sillonné à sa surface de vaisseaux coronaires faisant une saillie remarquable sur le myocarde rigide, doutèrent, et à bon droit, du succès de notre entreprise. Nous-même, averti par la tentative précédente, nous considérions le succès comme très problématique.

Néanmoins, vers **11 heures 1/4, soit sept heures** après la mort, nous commençons la circulation artificielle, comme précédemment avec du sérum de Locke aéré extemporanément, à une pression de 2 c. 5 à 3 c. de mercure, à une température de 35° en moyenne.

Après **neuf minutes** de circulation artificielle, on remarque des contractions très faibles des deux auricules. Ces battements augmentent progressivement d'intensité, mais restent limités à la région des auricules. Ils sont **nettement rythmiques**. La grande veine coronaire est également animée de battements systoliques. Le rythme se maintient à peu près à 30 ou 35 pulsations par minute. Au début, toutefois, il atteignit 64. — On continue la circulation artificielle durant une heure.

On la reprend *à 4 heures 1/2* de l'après-midi. Les deux

auricules se contractent avec énergie, puis bientôt **l'oreillette droite toute entière** entre en activité. Toutefois, cette activité n'est que passagère : l'oreillette droite s'arrête au bout d'un quart d'heure ; les auricules restent seules actives. On prolonge l'expérience jusque 6 heures, puis on abandonne le cœur en place, monté sur la canule et exposé à l'air libre.

Le lendemain matin lundi 9, à 9 heures 49, on recommence la circulation de sérum de Locke, et bien que le cœur ait été exposé toute la nuit à l'air, sans que l'on ait pris de précautions pour éviter la dessication, au bout de 5 min. 1/2, les battements des auricules reprennent progressivement. Toutefois, à la 10e minute, l'auricule gauche s'arrête brusquement, mais à la 14e minute, elle recommence à battre, faiblement au moins. Le rythme de l'auricule droite, au début à 88 systoles par seconde, est tombé à 54, à la 16e minute. A ce moment, on touche le cœur et les mouvements s'arrêtent.

A 11 heures, on recommence la circulation artificielle et les auricules reprennent leurs battements au rythme de 62 pulsations par minute. Ce rythme est à 46 contractions par minute à 11 heures 30, moment où l'on interrompt la circulation.

A 3 heures 30 de l'après-midi, nouvelle tentative de reviviscence, encore couronnée de succès. Les auricules entrent en mouvement, mais ces mouvements restent légers, quoique nettement systoliques.

A 8 heures 30, nous recommençons la circulation artificielle, mais cette fois l'immobilité absolue des auricules traduit la mort définitive et irrémédiable du myocarde.

Nous avons donc réussi à faire renaître l'activité rythmique des auricules droit et gauche **7 heures, 14 heures, 30 heures, 36 heures** après la mort de l'enfant. Et cela malgré la rigidité cadavérique de l'organe, malgré des embolies, moins nombreuses sans doute que dans le cas précédent, mais formant encore des ilots rougeâtres se détachant sur la surface du myocarde décolorée par la circulation artificielle.

III

Notre observation 87 est analogue comme résultat à la précédente. Il s'agit ici d'un enfant né à 7 mois, le 8 décembre. Ce prématuré avait une imperforation de l'anus et de l'œsophage. Il mourut dans la nuit suivante, vers trois heures du matin.

L'autopsie fut fait le mardi matin 9 décembre ; l'appareil thymo-cardio-pulmonaire détaché sans aucune précaution fut transporté au laboratoire.

Le protocole est identique au précédent. Le sérum de Locke est fait avec de l'eau d'Emmerin aérée extemporairement, la température du sérum injecté étant en moyenne de 33° (1).

Le cœur est en rigidité cadavérique petit et contracté, le sang coagulé dans les cavités. On commence la circulation de sérum à **midi, soit neuf heures après la mort.** Au bout de trois minutes les deux oreillettes droite et gauche présentent des battements nettement *systoliques* très faibles puis augmentant graduellement d'intensité. De 12 heures à 12 heures 13, la température du sérum = 37°2 (2) ; le rythme des oreillettes = 107.

---

(1) Ainsi qu'on le remarque à la lecture du résumé ci-dessous, la température n'est guère constante, aussi, avons-nous tranformé légèrement l'appareil dont nous avons donné plus haut le schéma. Le serpentin par où arrive le sérum se déverse désormais dans un large tube plongé dans l'étuve elle-même. Ce tube contient le régulateur qui est alors directement impressionné par le sérum en circulation. Ce sérum, après la traversée de ce tube additionnel, passe directement dans les tubes extérieurs pour arriver au cœur comme dans notre appareil primitif.

(2) Ce sont là, pour la température, comme pour le rythme, des chiffres moyens, ni la température ni le rythme n'étant absolument constants.

De 12 heures 13 à 12 heures 46, température $= 35°9$; rythme $= 92$.

A **4 heures 29** on recommence la circulation du sérum ; température $= 34°$. Les oreillettes se contractent d'abord régulièrement, puis bientôt les battements deviennent tumultueux à 4 heures 40 on cesse l'expérience.

A **4 heures 52** on la reprend (température $33°$) les battements sont énergiques et sont observés durant trente minutes environ.

De **5 heures 45** à 6 heures 10 (température $32°$) on obtient encore des battements mais ils sont faibles ; le rythme $= 65$.

Le cœur est ensuite abandonné durant la nuit, monté sur la canule, exposé à l'air libre.

Le lendemain **mercredi, de 10 heures 55** du matin à 11 heures 12, on provoque encore des battements rythmiques des deux oreillettes apparaissant après trois minutes de circulation artificielle (température $33°9$). Cependant l'auricule droite, complètement desséchée, reste au repos, bientôt humectée par le sérum qui s'écoule librement de l'oreillette ouverte, elle reprend sa souplesse et se remet à battre. Le rythme $= 127$.

L'après-midi, de **1 heure 45** à **2 heures 16** (temp. $32°7$), on obtient encore des battements systoliques des oreillettes. L'oreillette droite est d'abord seule active, la gauche se met à battre à son tour pour s'arrêter ensuite et finalement rebattre. On compte séparément les pulsations de l'oreillette gauche, rythme $= 28$ et celle de l'oreillette droite, rythme $= 25$.

A **2 heures 47** on reprend l'expérience pour 1/4 d'heure, (température : $32°5$), l'oreillette gauche bat d'abord seule, puis la droite entre à son tour en activité.

A **3 heures 45** jusqu'à 4 heures 5. On recommence, pour la dernière fois, la circulation du sérum de Locke (température : $33°$). Les deux oreillettes battent avec énergie ; la droite 46 fois et la gauche 58 fois par minute.

En résumé, nous avons réussi à ranimer les oreillettes de ce cœur de prématuré : *9 heures, 13 heures 29, 13 heures 52, 14 heures 45, 31 heures 55, 34 heures 45, 35 heures 47, 37 heures* après la mort. Il est regrettable qu'une circonstance indépendante de notre volonté nous ait empêché de continuer cette expérience, le cœur n'était certainement pas épuisé et aurait pu rebattre encore, dans la soirée tout au moins.

Quand, le jeudi vers 3 heures de l'après-midi, une nouvelle tentative de reviviscence fut faite, le cœur était en décomposition. Inutile d'ajouter que l'on n'observa point le moindre mouvement.

IV

Il s'agit encore d'une tentative faite sur un mort-né. L'accouchement eut lieu le 13 décembre vers 9 heures du matin. La reviviscence fut tentée en notre absence par une main un peu inexpérimentée ; et, quoique faite sur un cœur frais (vers midi), à notre grand étonnement, aucun battement ne fut obtenu. Mais, autre sujet d'étonnement, le cœur, qui n'avait point battu le matin, répondit l'après-midi par des systoles faibles d'abord, puis progressivement plus fortes, de l'oreillette droite seule, sans que, nous dit-on, rien n'ait été changé à la disposition de l'expérience.

Le lendemain, les battements ne se reproduisirent plus.

Il est évident que cette expérience est fort sujette à caution. Les faits positifs sont à retenir, mais les faits négatifs ne semblent pas devoir être considérés. Il y a eu certainement une faute de technique, car nous ne voyons guère pourquoi un cœur que l'on ne peut faire rebattre 3 heures après la mort, se montre actif (tout au moins en partie), 7 heures et même 18 heures après la mort.

CONCLUSIONS

Ces quatre observations confirment donc les affirmations de Kuliabko.

Nous attirons l'attention sur le repos persistant des ventricules. Cette remarque toutefois n'enlève rien à la curiosité du fait de la reviviscence constatée pour les oreillettes, phénomène vraiment remarquable, et que nous avons reproduit aisément avec ces cœurs d'enfants 18 heures, 36 heures, 37 heures après la mort.

Enfin il est bon d'insister qu'il s'agit dans les cas présents de cœurs d'enfants, et l'on sait que le cœur du fœtus (1) ou des animaux jeunes est plus résistant, d'une façon générale, que celui des adultes et entre moins facilement en trémulations fibrillaires (2). Leur résistance à l'asphyxie en est la conséquence pratique. Nous avons assisté, à la Maternité Sainte-Anne, à un accouchement en **un temps,** dont la curieuse observation fut présentée à la Société par notre ami Clément Delfosse (3). Cet accouchement se produisit sur la voie publique. L'œuf fut emporté le plus rapidement possible à la salle de travail ; là, la poche des eaux fut rompue et l'enfant sortit de l'œuf étonné, mais des bains chauds et froids provoquèrent presqu'aussitôt les mouvements respiratoires. La survie de cet enfant nous semble devoir être attribué à la résistance du cœur peu sensible à l'asphyxie (4).

---

(1) HEINRICUS. — Zeitschrift f. Biologie, Bd XXVI, 1890.

MAC WILLIAM. — *Journal of physiol.*, vol. VIII, 1887.

GLEY. — Comptes rendus Société de Biologie, 1890. *Archives de physiologie*, 1891, p. 735.

PRÉVOST. — *Loc. cit.*

(2) Cette particularité faciliterait l'action du serum de Locke en injection chez le nouveau-né en état de syncope, car le grand danger pour un cœur que l'on essaie de ranimer est toujours la production de contractions fibrillaires.

(3) *Journal des Sciences médicales*, 12 septembre 1903, p. 252.

(4) L'enfant a vécu au minimum dix minutes dans le liquide amniotique. L'accouchement eut lieu durant la nuit, sur la rue, il fallut réveiller la concierge, réveiller les externes de garde et seulement recueillir l'œuf.

BIBLIOGRAPHIE

AUBERT. — Unters. ub. die Irritabilität… *Archives de Pflüger*, t. XXIV.

BATELLI. — Le rétablissement des fonctions du cœur et du système nerveux central après l'anémie totale. *Journal de Physiol. et de Pathol. générale*, 1900, p. 443 ; *Revue médicale de la Suisse Romande*, 1901, p. 127.

H.-P. BOWDITCH. — Ueber die Eigenthunlichkeiten der Reizbarkeit welche die Muskelfasern des Herzens zeigen. *Arbeit aus der Physiol. Anstalt zu Leipzig*, 1871.

BUFFA. — Sur l'état de combinaisons des sels dans le sérum du sang. *Archives internationales de Pharmacodynamie et de Thérapie*, 1900, t. VII, p. 427-431.

CAMUS. — Nouveau dispositif expérimental pour la circulation artificielle dans le cœur isolé. *Journal de Physiologie et de Pathologie générale*, 1901, p. 951.

W.-H. GASKELL. — On the tonicity of the heart and blood vessels. *Journal of Physiolog.*, t. III.

HEDON et FLEIG. — Sur l'entretien et l'irritabilité de certains organes séparés du corps par immersion dans un liquide nutritif *C. R. Société de Biologie*, 1903, p. 1105.

A. HEFFTER. — Ueber die Einwirkung verschiedener Stoffe auf das isol. Saugethierherz. *Skandinav. Arch. f. Physiol.*, 1898.

KRONECKER. — Méthodes servant à déterminer les manifestations extérieures de l'activité du cœur. *C. R. Société de Biologie*, 1901, p. 391.

O. LANGENDORF. — Ueber rhyhtmische Thätigkeit der Herzspitze. *Breslauer aerzth. zeilschrift*, 1883.

D. LINGRE. — The importance of sodium chloride in heart activity. *American Journal of Physiol.*, 1902, t. VIII, p. 75-98.

LOCK. — Bemerkungen zu zwei Mittheilungen aus dem Berner phys. Instit. *Centralblatt f. Physiol.*, 1901, t. XV, p. 537-540.

LŒB. — Ueber die Bedeut. der Ca und K Ionen für die Herzthätigkeit. *Arch. für die ges. Phys.*, 1899, LXXX, 229-232.

MERUNOWICZ. — Ueber die chemischen Bedingungen für die Enstehung des Herzschlages. *Ber. d. sächs Acad.*, 1875.

MAGNUS. — Zur Ernährung des Herzens. *Arch. ital. de Biologie*, 1901, t. XXXVI, p. 114 (court résumé).

J.-L. PREVOST et BATELLI. — La mort par les courants électriques. *Journ. de Physiol. et de Pathol. générale,* 1899, p. 399.

J.-L. PREVOST et BATELLI. — Quelques effets des décharges électriques sur le cœur des mammifères. *Journal de Physiol. et de Pathol. générale*, 1000, p. 40.

J.-L. PREVOST et BATELLI. — Influence du nombre des périodes sur les effets mortels des courants alternatifs. *Journal de Physiol. et de Pathol. générale*, 1900, p. 755.

J.-L. PREVOST et BATELLI. — Influence de l'alimentation sur le rétablissement des fonctions du cœur. *Revue médicale de la Suisse Romande*, 1901, p. 489-500.

SALTET. — Ueber die Ursachen der Ermüdung des Froschherzens. *Arch. für Physiol.*, 1882.

STAPFER. — Relation entre la circulation abdominale avec les mouvements du cœur. Effet du massage abdominal. Différence physiologique entre les syncopes et les lipothymies. *C. R. Société de Biologie*, 1895, p. 782.

STRECKER. — Ueber das Sauerstoffbedürfniss des ausgeschittenen Säugethierherzens. *Archiv. für die gesamte Phys.*, 1900, LXXX, 161-176.

ZŒTHOUT. — On the contact irritability of muscles. *American Journal of Physiol.*, 1902, t. VII, p. 320.

www.ingramcontent.com/pod-product-compliance
Ingram Content Group UK Ltd.
Pitfield, Milton Keynes, MK11 3LW, UK
UKHW020041100726
13658UKWH00003B/1469